Nachhaltigkeitsmanagement für Logistikdienstleister

Lizenz zum Wissen.

Sichern Sie sich umfassendes Technikwissen mit Sofortzugriff auf tausende Fachbücher und Fachzeitschriften aus den Bereichen: Automobiltechnik, Maschinenbau, Energie + Umwelt, E-Technik, Informatik + IT und Bauwesen.

Exklusiv für Leser von Springer-Fachbüchern: Testen Sie Springer für Professionals 30 Tage unverbindlich. Nutzen Sie dazu im Bestellverlauf Ihren persönlichen Aktionscode C0005406 auf *www.springerprofessional.de/buchaktion/*

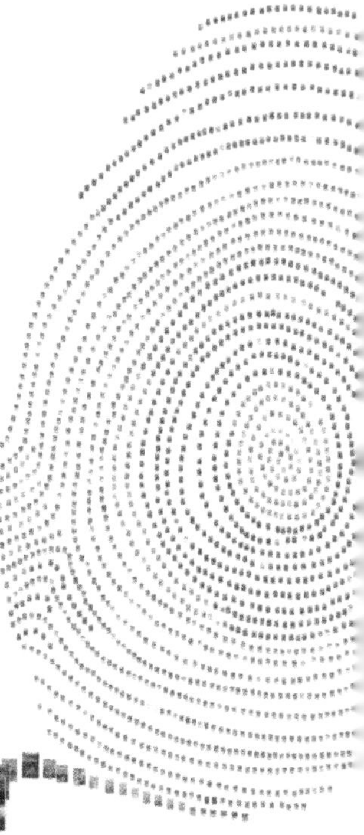

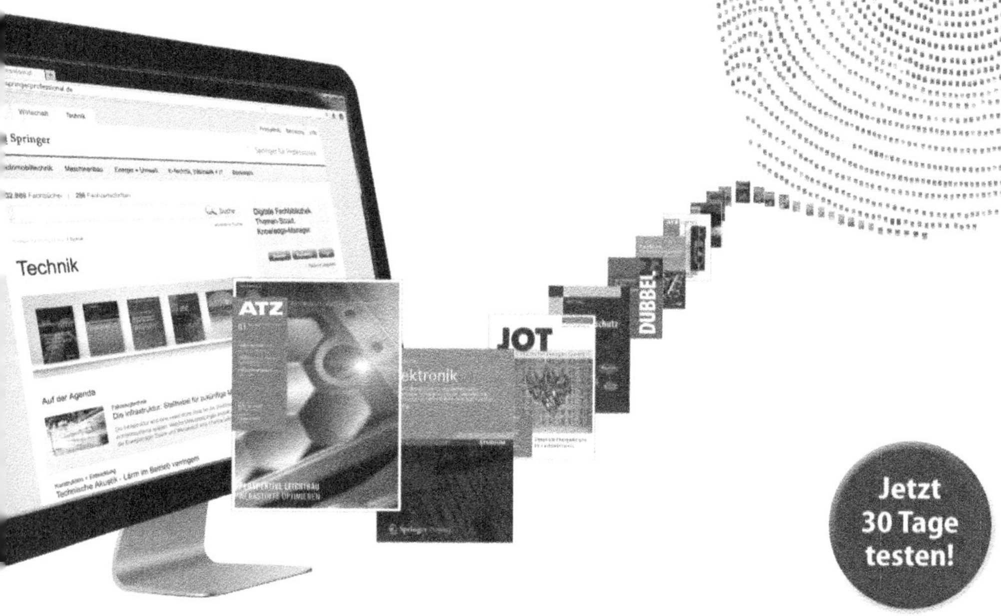

Jetzt 30 Tage testen!

Springer für Professionals.
Digitale Fachbibliothek. Themen-Scout. Knowledge-Manager.

- Zugriff auf tausende von Fachbüchern und Fachzeitschriften
- Selektion, Komprimierung und Verknüpfung relevanter Themen durch Fachredaktionen
- Tools zur persönlichen Wissensorganisation und Vernetzung

www.entschieden-intelligenter.de

Springer für Professionals

Dirk Lohre • Roland Pfennig
Viktoria Poerschke • Ruben Gotthardt

Nachhaltigkeitsmanagement für Logistikdienstleister

Ein Praxisleitfaden

Dirk Lohre
Kempen, Deutschland

Viktoria Poerschke
Velbert, Deutschland

Roland Pfennig
Heilbronn, Deutschland

Ruben Gotthardt
Heilbronn, Deutschland

ISBN 978-3-658-03124-4   978-3-658-03125-1 (eBook)
DOI 10.1007/978-3-658-03125-1

Die Deutsche Nationalbibliothek verzeichnet diese Publikation in der Deutschen Nationalbibliografie; detaillierte bibliografische Daten sind im Internet über http://dnb.d-nb.de abrufbar.

Springer Gabler
© Springer Fachmedien Wiesbaden 2015
Das Werk einschließlich aller seiner Teile ist urheberrechtlich geschützt. Jede Verwertung, die nicht ausdrücklich vom Urheberrechtsgesetz zugelassen ist, bedarf der vorherigen Zustimmung des Verlags. Das gilt insbesondere für Vervielfältigungen, Bearbeitungen, Übersetzungen, Mikroverfilmungen und die Einspeicherung und Verarbeitung in elektronischen Systemen.
Die Wiedergabe von Gebrauchsnamen, Handelsnamen, Warenbezeichnungen usw. in diesem Werk berechtigt auch ohne besondere Kennzeichnung nicht zu der Annahme, dass solche Namen im Sinne der Warenzeichen- und Markenschutz-Gesetzgebung als frei zu betrachten wären und daher von jedermann benutzt werden dürften.
Der Verlag, die Autoren und die Herausgeber gehen davon aus, dass die Angaben und Informationen in diesem Werk zum Zeitpunkt der Veröffentlichung vollständig und korrekt sind. Weder der Verlag noch die Autoren oder die Herausgeber übernehmen, ausdrücklich oder implizit, Gewähr für den Inhalt des Werkes, etwaige Fehler oder Äußerungen.

Gedruckt auf säurefreiem und chlorfrei gebleichtem Papier

Springer Fachmedien Wiesbaden ist Teil der Fachverlagsgruppe Springer Science+Business Media
(www.springer.com)

Vorwort

Der vorliegende Leitfaden „Nachhaltigkeitsmanagement für Logistikdienstleister" greift praxisorientiert und leicht nachvollziehbar die Anforderungen nachhaltigen Wirtschaftens und der Nachhaltigkeitsberichterstattung im Kontext der Logistikbranche auf. Er eignet sich damit für den Einsatz in der Unternehmenspraxis genauso wie für die Grundlagenerarbeitung in Studium und Ausbildung.

Die, zugegeben sehr pointierte, Ausgangsfrage war: Wie nähert man sich einem Thema, das weitgehend uneinheitlich definiert, begrifflich inflationär gebraucht und teilweise zweckentfremdet wird, auf jeden Fall aber schwer greifbar ist und zunächst einmal nichts Gutes verheißt, weil es reflexartig mit steigenden Kosten im Unternehmen in Verbindung gebracht wird? Eine Antwort auf diese Frage soll mit dem notwendigen Pragmatismus im vorliegenden Buch versucht werden.

Die Autoren sind Lehrende und Masterabsolventen der verkehrsbetriebswirtschaftlichen Studiengänge der Fakultät Wirtschaft und Verkehr der Hochschule Heilbronn. Hier wurde das Thema Nachhaltigkeit in der Logistik frühzeitig aufgenommen und es wird integrativ in Lehre und Forschung bearbeitet. Dieses Engagement wurde bereits vom Bundesverkehrsministerium mit dem „Hochschulpreis Güterverkehr und Logistik 2012", der unter dem Motto „Grüne Logistik – Nachhaltigkeit im Güterverkehr" stand, ausgezeichnet. Die Hochschule Heilbronn, als größte Hochschule in Baden-Württemberg, verfügt mit ihren insgesamt 4 Standorten seit 2014 über ein zertifiziertes Umweltmanagementsystem nach EMAS und wird ihre Forschungsaktivitäten und Weiterbildungsangebote im Bereich der Nachhaltigkeit weiter ausbauen.

Herzlichen Dank dem Springer Verlag und dabei vor allem Stefanie Brich und Claudia Hasenbalg für die professionelle, stets freundliche und vor allem geduldige Betreuung bei der Erstellung des Titels.

Die Autoren wünschen eine erquickliche Lektüre und hoffen, die Leser mit diesem Buch auch ein Stück weit, entweder zu ersten Nachhaltigkeitsschritten, oder aber zur systematischen Weiterentwicklung bestehender Engagements, motivieren zu können. Erste Schritte können reine Effizienzthemen im Unternehmen umfassen und sich damit sogar bezahlt machen – weitere Schritte können sozialer Natur, wie die proaktive Übernahme von Verantwortung für das eigene Wirtschaften, sein. Ein kleines Beispiel dafür wollen die Autoren geben, indem sie ihr Honorar für dieses Buch an die Stiftung „Große Hilfe für kleine Helden" spenden, zur Unterstützung von kranken Kindern und ihren Familien während eines stationären Auftenhalts in der Heilbronner Kinderklinik

Heilbronn im März 2015　　　　　　　　　　　　　　　　　　　Dirk Lohre
　　　　　　　　　　　　　　　　　　　　　　　　　　　　　Roland Pfennig
　　　　　　　　　　　　　　　　　　　　　　　　　　　　Viktoria Poerschke
　　　　　　　　　　　　　　　　　　　　　　　　　　　　 Ruben Gotthardt

Abkürzungsverzeichnis

ACCA	Association of Chartered Certified Accountants
AGG	Allgemeines Gleichbehandlungsgesetz
BAG	Bundesamt für Güterverkehr
BaSt	Bundesanstalt für Straßenwesen
BGL	Bundesverband Güterkraftverkehr Logistik und Entsorgung e. V.
BKrFQG	Berufskraftfahrerqualifikationsgesetz
BME	Bundesverband Materialwirtschaft, Einkauf und Logistik e. V.
BMUB	Bundesministerium für Umwelt, Naturschutz, Bau und Reaktorsicherheit
BMVI	Bundesministerium für Verkehr und digitale Infrastruktur
BRIC	Brasilien, Russland, Indien, China
BVL	Bundesvereinigung Logistik e.V.
CC	Corporate Citizenship
CCF	Corporate Carbon Footprint
CO_2	Kohlenstoffdioxid
CSR	Corporate Social Responsibility
DAX	Deutscher Aktien Index
DB	Deutsche Bahn AG
DGFP	Deutsche Gesellschaft für Personalführung
DNK	Deutscher Nachhaltigkeitskodex
DVFA	Deutsche Vereinigung für Finanzanalyse und Asset Management
EFFAS	European Federation of Financial Analysts Societies
EMAS	Eco Management and Audit Scheme
ESG	Environmental, Social, Governance
EU	Europäische Union
FIFO	First in, first out
GHG	Greenhouse Gas (Protocol)
GRI	Global Reporting Initiative
GVZ	Güterverkehrszentrum

IDS	IDS Logistik GmbH
IIRC	International Integrated Reporting Committee
IHK	Industrie- und Handelskammer
ILO	International Labor Organization
IÖW	Institut für ökologische Wirtschaftsforschung und future e. V.
IPCC	Intergovernmental Panel on Climate Change
ISO	International Organization for Standardization
KMU	Kleine und mittelständische Unternehmen
LDL	Logistikdienstleister
LKW	Lastkraftwagen
MiMoNa	Mitarbeiter-Motivation zu Nachhaltigkeit (Projektname)
NCF	Network Carbon Footprint
NGO	Non-Governmental Organization
OECD	Organization for Economic Co-operation and Development
PCF	Product Carbon Footprint
PDCA	Plan – Do – Check – Act
s.a.f.e.	Schutz- und Aktionsgemeinschaft zur Erhöhung der Sicherheit in der Spedition
TUL	Transport, Umschlag, Lagerung
UN	United Nations
VDI	Verband Deutscher Ingenieure
WBCSD	World Business Council for Sustainable Development
WRI	World Resources Institute

Inhaltsverzeichnis

1 Einleitung 1

Teil I (Theoretische) Grundlagen/Basiswissen

2 Grundlagen der Logistik 5
   2.1 Logistik und Logistische Dienstleistungen 6
   2.2 Merkmale der Logistikbranche 10
   2.3 Verkehrsträger 13
   Literatur 15

3 Grundlagen der Nachhaltigkeit 17
   3.1 Begriffsabgrenzung und Entwicklung der Nachhaltigkeit 17
   3.2 Stand der Nachhaltigkeit in Deutschland 21
   Literatur 22

4 Nachhaltigkeit in der Logistikbranche 23
   4.1 Grüne Logistik vs. Nachhaltige Logistik 23
   4.2 Stand der Nachhaltigkeit in der Logistik 25
   4.3 Motivation zur Nachhaltigkeit(sberichterstattung) 26
   Literatur 28

Teil II Der Schlüssel zur Nachhaltigkeit – Schlüsselthemen in der Logistik

5 Schlüsselthema 1 – Logistikdienstleister im Spannungsfeld zwischen steigenden Kundenanforderungen und Kostenentwicklung 31
   5.1 Handlungsfeld 1: Effizienzsteigerung 32

5.1.1	Auslastung optimieren und Leerfahrten vermeiden	32
5.1.2	Synergieeffekte aus Kooperationen nutzen	34
5.2	Handlungsfeld 2: Kundenzufriedenheit und Kundenbindung	35
5.3	Handlungsfeld 3: Lieferantenmanagement	36
Literatur		37

6 Schlüsselthema 2 – Grüne Logistik als Antwort auf den Klimawandel und die zunehmende Ressourcenknappheit ... 39
6.1 Handlungsfeld 1: CO_2-Bilanzierung ... 40
6.2 Handlungsfeld 2: Reduzierung von CO_2-Emissionen und Einsparung von Ressourcen ... 43
    6.2.1 Einsparung von und verantwortlicher Umgang mit Ressourcen ... 49
Literatur ... 51

7 Schlüsselthema 3 – Die Auswirkungen des demographischen Wandels auf die Logistik ... 53
7.1 Handlungsfeld 1: Fahrermangel ... 54
7.2 Handlungsfeld 2: Fach- und Führungskräftemangel ... 55
7.3 Handlungsfeld 3: Mitarbeiterbindung ... 56
Literatur ... 57

8 Schlüsselthema 4 – Das Ansehen der Logistik in der Öffentlichkeit ... 59
8.1 Handlungsfeld 1: Presse- und Öffentlichkeitsarbeit ... 60
8.2 Handlungsfeld 2: Gesellschaftliches Engagement ... 62
Literatur ... 64

9 Schlüsselthema 5 – Zunehmende Sicherheitsanforderungen ... 65
9.1 Handlungsfeld 1: Sicherheit der Lieferkette ... 65
9.2 Handlungsfeld 2: Ladungs- und Fahrsicherheit ... 66
9.3 Handlungsfeld 3: Datensicherheit ... 67
Literatur ... 67

Teil III   Grundlagen der Nachhaltigkeitsberichterstattung

10 Einführung in die Nachhaltigkeitsberichterstattung ... 71
10.1 Begriffsabgrenzung ... 71
10.2 Entwicklung der Nachhaltigkeitsberichterstattung ... 72
10.3 Stand der Nachhaltigkeitsberichterstattung in Deutschland ... 73

10.4 Stand der Nachhaltigkeitsberichterstattung
in der Logistik 74
Literatur 76

11 Standards, Richtlinien und Leitfäden 77
11.1 Die Basis aller Standards 77
    11.1.1 UN Global Compact 78
    11.1.2 ILO-Kernarbeitsnormen 79
11.2 Internationale Standards 82
11.3 Deutsche Richtlinien und Leitfäden 91
11.4 Zusammenfassung 94
Literatur 95

12 Zertifizierungs- und Validierungsmöglichkeiten 97
12.1 Zertifizierung 97
12.2 Preise, Wettbewerbe und Rankings 99
    12.2.1 Regionale Nachhaltigkeitspreise 99
    12.2.2 Deutscher Nachhaltigkeitspreis 100
    12.2.3 IÖW/future-Ranking 100
    12.2.4 Eco Performance Award 101
Literatur 102

Teil IV Praxisleitfaden zur Nachhaltigkeitsberichterstattung – In fünf Schritten zum Nachhaltigkeitsbericht

13 Ist-Analyse und Verankerung der Nachhaltigkeit in die Unternehmensstrategie 107
13.1 Ermittlung der marktseitigen Chancen und Risiken 107
13.2 Ermittlung der derzeitigen Nachhaltigkeitsleistung
im Unternehmen 108
13.3 Erstellung eines Nachhaltigkeitsprogrammes 109
    13.3.1 Aufstellung der Nachhaltigkeitsstrategie 110
    13.3.2 Definition und Aufstellung von Nachhaltigkeitszielen ... 110
    13.3.3 Bewertung und Auswahl geeigneter Maßnahmen 112
Literatur 114

14 Auswahl eines Berichtsstandards und Vorbereitung des Berichts ... 115
14.1 Auswahl eines Standards 115
14.2 Auswahl der Zielgruppen 116
14.3 Festlegung der Berichtsinhalte und Schwerpunkte 117

14.4 Datensammlung	119
Literatur	119

15 Erstellung und Veröffentlichung des Berichts ... 121
   15.1 Verfassen des Berichts ... 121
      15.1.1 Organisatorische Aspekte ... 121
      15.1.2 Inhaltliche Aspekte ... 123
   15.2 Distribution und Kommunikation des Berichts ... 123
   15.3 Kontinuierliche Kommunikation und Umgang mit Feedback ... 124
   Literatur ... 125

16 Kontinuierliche Verbesserung der Nachhaltigkeitsleistung mit Hilfe von Kennzahlen ... 127
   16.1 Schlüsselthema 1 ... 128
      16.1.1 Handlungsfeld: Effizienzsteigerung ... 128
      16.1.2 Handlungsfeld: Kundenbindung ... 130
      16.1.3 Handlungsfeld: Lieferantenmanagement ... 132
   16.2 Kennzahlen: Schlüsselthema 2 ... 132
      16.2.1 Handlungsfeld: CO_2-Bilanzierung ... 133
      16.2.2 Handlungsfeld: Reduzierung von CO_2-Emissionen ... 133
   16.3 Kennzahlen: Schlüsselthema 3 ... 136
      16.3.1 Handlungsfeld: Fahrermangel ... 136
      16.3.2 Handlungsfeld: Fach- Führungskräftemangel ... 137
      16.3.3 Handlungsfeld: Mitarbeiterbindung ... 137
   16.4 Kennzahlen: Schlüsselthema 4 ... 140
      16.4.1 Handlungsfeld: Presse- und Öffentlichkeitsarbeit ... 140
      16.4.2 Handlungsfeld: Gesellschaftliches Engagement ... 141
   16.5 Kennzahlen: Schlüsselthema 5 ... 142
      16.5.1 Handlungsfeld: Sicherheit der Lieferkette ... 142
      16.5.2 Handlungsfeld: Ladungs- und Fahrsicherheit ... 143
      16.5.3 Handlungsfeld: Datensicherheit ... 144
   Literatur ... 144

17 Fazit und Ausblick ... 145

Anhang ... 147

Weiterführende Literatur ... 149

Über die Autoren

Ruben Gotthardt Seit 2010 Projektleiter beim Steinbeis-Beratungszentrum Spedition und Logistik (SBZ-SL) in Heilbronn. Mehrjährige Erfahrung in der Leitung und Durchführung von Projekten zur CO_2-Messung auf Unternehmens- und Produktebene sowie im Nachhaltigkeitsmanagement von logistischen Dienstleistungsunternehmen.

Der Speditionskaufmann arbeitete nach seiner Ausbildung als Disponent im internationalen Landverkehr und in der Luftfracht. Im Studium erfolgte die Spezialisierung in den Bereichen Carbon Footprinting und Nachhaltigkeitsmanagement. Neben seiner Tätigkeit als Berater beim SBZ-SL ist er für mehrere Institutionen als Lehrbeauftragter tätig, unter anderem an der Hochschule Heilbronn und dem Bildungswerk Spedition und Logistik e. V. in Hessen.

Dirk Lohre Seit 2006 Professor für Verkehrslogistik und logistische Dienstleistungen im Studiengang Verkehrsbetriebswirtschaft und Logistik an der Hochschule Heilbronn. In 2007 Gründung des Instituts für Nachhaltigkeit in Verkehr und Logistik (INVL) gemeinsam mit Roland Pfennig. Im Rahmen des INVL erfolgt insbesondere anwendungsorientierte Forschung zu verschiedenen Aspekten einer nachhaltigen Logistik (ökologische, soziale und ökonomische Dimension).

Leitung des Steinbeis-Beratungszentrums für Spedition und Logistik mit Sitz in Heilbronn. Dort überwiegend Beratung von Logistikunternehmen und Verladern zu Fragen des Landverkehrs. Aktuelle Arbeitsschwerpunkte neben der Nachhaltigkeit in der Logistikbranche sind die Fahrpersonalsituation im Straßengüterverkehr, das Produktionscontrolling und Pricing für Speditionen und die Industrialisierung im Landverkehr sowie das Systemverkehrsmanagement.

Roland Pfennig Seit 2006 Professor für Wirtschaftsinformatik im Studiengang Verkehrsbetriebswirtschaft und Logistik an der Hochschule Heilbronn. Gründung des Instituts für Nachhaltigkeit in Verkehr und Logistik (INVL) gemeinsam mit Dirk Lohre im Jahr 2007. Im Rahmen des INVL erfolgt insbesondere anwendungsorientierte Forschung zu verschiedenen Aspekten einer nachhaltigen Logistik (ökologische, soziale und ökonomische Dimension). Seit 2008 Beauftragter für Nachhaltige Entwicklung an der Hochschule Heilbronn. Seine Schwerpunkte liegen in den Bereichen Nachhaltigkeitsmanagement für Unternehmen sowie Bildung für Nachhaltige Entwicklung. Weitere Forschungsgebiete sind die Bedeutung der IT für die Logistik und die Einsatzmöglichkeiten von ERP-Systemen bei Logistikdienstleistern.

Viktoria Poerschke Seit 2012 Projektmitarbeiterin im Steinbeis-Beratungszentrum Spedition und Logistik, Heilbronn. Beratungsschwerpunkte sind Grüne Logistik und Nachhaltigkeit. Davor Studium des Masters of Arts in Transport and Logistics an der Hochschule Heilbronn. Frau Poerschke hat bereits an der Erstellung von Nachhaltigkeitsberichten für mehrere Logistikdienstleister maßgeblich mitgewirkt.

Einleitung 1

Warum sollte sich ein logistisches Dienstleistungsunternehmen mit Fragen der Nachhaltigkeit beschäftigen oder gar einen Nachhaltigkeitsbericht erstellen und veröffentlichen?

Diese oder vergleichbare Fragen stellen sich sicherlich viele Vertreter der nach wie vor stark mittelständisch geprägten Branche. Solche Fragen verdeutlichen eine gewisse Skepsis gegenüber dem Themenbereich und sicher auch eine Intransparenz über das, was unter Nachhaltigkeit im Logistikkontext eigentlich verstanden wird.

Nach dem sogenannten Brundtland-Bericht wird unter nachhaltiger Entwicklung - vereinfacht gesagt - verstanden, dass die eigenen Bedürfnisse gedeckt werden, ohne dass sich daraus Einschränkungen für zukünftige Generationen ergeben. Daraus werden gemeinhin drei Dimensionen der Bedürfnisbefriedigung abgeleitet: Die ökonomische, die ökologische und die soziale Dimension. Zwischen diesen Dimensionen soll, so der Bericht, ein ausgeglichenes Verhältnis bestehen. Dies wird auch als Nachhaltigkeitsdreieck oder Triple Bottom Line bezeichnet.

Ein häufiges Missverständnis in Unternehmen resultiert wohl daraus, dass die Gefahr einer zu starken Betonung des Umweltschutzes zu Lasten der wirtschaftlichen Interessen gesehen wird. Aber gerade das meint Nachhaltigkeit im Unternehmenskontext nicht. Denn ein Unternehmen muss langfristig wettbewerbsfähig sein – nur soll es dabei die ökologischen und auch die sozialen Aspekte nicht aus den Augen verlieren.

Dass aktuell noch eine gewisse Zurückhaltung in der Branche gegenüber dem Thema existiert, hängt sicher auch mit dem mittelständischen Charakter der Branche und damit verbundenen Ressourcenproblemen zusammen. In der Vergangenheit sind immer häufiger Anforderungen aus unterschiedlichen Branchen auf die logistischen Dienstleister zugekommen, die „neben dem Tagesgeschäft" erledigt werden mussten. Neben den branchenübergreifenden ISO-Normen zu Qualität und Umwelt verfügt nahezu jede Branche über ihre spezifischen normierten Systeme, welche durch den logistischen Dienstleister berücksichtigt werden müssen. Die Befürchtung, mit der Nachhaltigkeit komme ein weiterer, von außen angestoßener und im Unternehmen zu berücksichtigender Punkt hinzu, ist in vielen Unternehmen vorhanden.

Doch es gilt: Der Verkehr wird in der Öffentlichkeit als einer der Hauptverursacher von Umweltbelastungen angesehen, weshalb auch mit zunehmenden Regulierungen und Auflagen zu rechnen ist. Das Image der Logistikbranche ist unterdurchschnittlich, was die Akzeptanz in der Öffentlichkeit, aber auch die Gewinnung von Nachwuchs gefährdet. Dies sind Signale dafür, dass auch aus dem Interesse einer langfristigen Existenz des Unternehmens heraus ökologische und soziale Aspekte berücksichtigt werden müssen und der interessierten Öffentlichkeit zunehmend darüber Bericht erstattet werden muss.

Einige logistische Dienstleistungsunternehmen haben die Nachhaltigkeit bereits für sich entdeckt und nutzen sie als Chance, das Unternehmen umfassend auf die Zukunft auszurichten und auch, um Akzeptanz für sich und ihre Arbeit in der Öffentlichkeit zu sichern.

Das Ziel dieses Buches ist zu verdeutlichen, welche Facetten das Thema Nachhaltigkeitsmanagement und -berichterstattung hat und welche Besonderheiten dabei in der Logistikbranche zu berücksichtigen sind. Auf dieser Basis soll dargelegt werden, wie logistische Dienstleister ein Nachhaltigkeitsmanagement aufbauen und einen Nachhaltigkeitsbericht erstellen können, welcher die für die Branche relevanten Inhalte berücksichtigt. Zielgruppe dieses Buches sind damit vor allem Praktiker, welche ein Nachhaltigkeitsmanagement einführen und einen Bericht erstellen wollen. Das Buch richtet sich auch an Studierende, die einen praxisorientierten Einstieg in den Zusammenhang von Nachhaltigkeit und logistischen Dienstleistungen suchen.

Zunächst werden in einem ersten Teil dazu die Grundlagen logistischer Dienstleistungen und der Nachhaltigkeit beschrieben. Im Anschluss soll auf den Stand des Nachhaltigkeitsmanagements in der Logistikbranche, auch im Vergleich zu anderen Branchen, eingegangen werden. Im zweiten Teil des Buches geht es um die Themen, welche für Logistikunternehmen im Nachhaltigkeitskontext unbedingt zu berücksichtigen sind, also sog. Schlüsselthemen. Nachdem diese Themen herausgearbeitet wurden, erfolgt im dritten Teil des Buches eine pragmatische Darstellung, wie ein Nachhaltigkeitsbericht für einen Logistikdienstleister erstellt werden kann. Dazu gehört auch die Vorstellung der zur Verfügung stehenden Quasi-Standards mit ihren jeweiligen Vor- und Nachteilen.

Teil I
(Theoretische) Grundlagen/ Basiswissen

Grundlagen der Logistik 2

Die Branche für logistische Dienstleistungen hat sich zu einem bedeutenden Wirtschaftsbereich in Deutschland entwickelt. Einerseits stellt sie eine wichtige „enabling technology" für die Leistungsfähigkeit der exportorientierten und global agierenden deutschen Wirtschaft dar. Andererseits trägt sie selbst in erheblichem Maße zu Beschäftigung und Bruttoinlandsprodukt bei. Der Bedeutungszuwachs beschränkt sich allerdings nicht auf Deutschland, sondern europa- und weltweit nimmt die Logistik eine zentrale Rolle für die wirtschaftliche Entwicklung ein. Der Bedeutungszuwachs der Logistik ist damit ein in vielen Ländern zu beobachtendes, vergleichbares Phänomen.

Nicht vergleichbar hingegen ist das Image der Logistik in verschiedenen Ländern. Denn ihrer mittlerweile großen Bedeutung für die Funktionsfähigkeit der Wirtschaft wird das Bild in der Öffentlichkeit, gerade in Deutschland, nicht gerecht. Meist taucht die Branche in der öffentlichen Diskussion negativ konnotiert auf und der Zusammenhang zwischen der Befriedigung eigener Konsumbedürfnisse und der daraus induzierten Notwendigkeit transportlogistischer Aktivitäten wird in der Gesellschaft kaum gesehen. Hinzu kommt, dass insbesondere die transportbezogene Logistik für jedermann sichtbar stattfindet und häufig auch als Verursacher der aktuellen Verkehrsprobleme angesehen wird. Tatsächlich aber hat sich die sog. Verkehrsstärke, welche die Zahl der Fahrzeuge angibt, die täglich eine Straße oder einen Straßenabschnitt nutzen, seit 1960 etwa verfünffacht: wobei jedoch gerade die PKW-Belastung besonders zugenommen hat: 1960 lag der Anteil des LKW-Verkehrs auf Autobahnen noch bei gut 25 %, heute beläuft er sich nur noch auf etwa 15 %, obwohl sich im gleichen Zeitraum der LKW-Verkehr auf deutschen Autobahnen verdreifacht hat (vgl. Lohre et al. 2012, S. 17). Dennoch kann die

Branche als öffentlich negativ exponiert angesehen werden; mit anderen Worten: Sie steht wegen verschiedener, als negativ eingestufter Merkmale unter kritischer Beobachtung von diversen Anspruchsgruppen in der Gesellschaft.

Ein wesentlicher ökologischer Aspekt dabei ist der nicht unerhebliche Beitrag des Verkehrssektors zum Ausstoß der klimarelevanten Treibhausgase. Ein sozialer Aspekt, der auch durch aktuelle Medienberichte an Aufmerksamkeit gewonnen hat, ist die Behandlung und Vergütung des Fahrpersonals (Stichwort „Nomaden der Autobahn"). Hinzu kommen die bereits angesprochene Allgegenwärtigkeit des LKW und die damit in Zusammenhang stehenden Erfahrungen der Verkehrsteilnehmer (Stichwort „Elefantenrennen").

Bevor auf das Nachhaltigkeitsmanagement und die -berichterstattung in Logistikunternehmen eingegangen werden kann, erfolgt zunächst eine Aufbereitung des Untersuchungsfeldes „Logistikbranche" mit ihren Besonderheiten und Merkmalen.

2.1 Logistik und Logistische Dienstleistungen

In der Wirtschaft werden Güter durch Industrieunternehmen produziert. Diese Produktion findet nicht mehr nur an einem Standort statt, sondern standortübergreifend. Innerhalb der Produktion müssen die (Zwischen-)Erzeugnisse folglich zum nächsten, weiterverarbeitenden Produktionsstandort verbracht werden. An diesem nächsten Produktionsstandort werden aber nicht nur (Zwischen-)Erzeugnisse eines Lieferanten benötigt, sondern von mehreren. Der Ort der Güterbereitstellung fällt meist nicht mit dem Ort der Güterverwendung zusammen. Dies lässt sich entlang der Wertschöpfungskette bis hin zum Konsumenten fortführen. Die Bereitstellung der (Fertig-)Erzeugnisse für den Konsumenten übernehmen dann meist Handelsund nicht die Industrieunternehmen selbst. Insofern ist die Raumüberwindung (= Transport) der Zwischen- und Fertigerzeugnisse eine zentrale Voraussetzung für das Funktionieren von Wirtschaften und die Befriedigung von Konsumbedürfnissen. Um Vorteile in der Produktion zu nutzen, Beschaffungszeiten zu überbrücken oder stets lieferbereit zu sein, liegt über die verschiedenen Stufen solcher Wertschöpfungsketten auch das Erfordernis vor, Zeit zwischen der Produktion und dem konkreten Bedarf zu überbrücken. Die Zeitüberbrückung (= Lagerung) ist damit auch eine Voraussetzung für das Funktionieren von Wirtschaften. Unabhängig von der Stufe in der Wertschöpfungskette und auch unabhängig von der Branche, unterliegen Unternehmen stets dem Zwang, ihre Kapazitäten weitgehend auszulasten. Je besser dies gelingt, desto geringer werden die Stückkosten sein. Der Zwang zur Auslastung trifft auch auf die Transport- und Lagerkapazitäten zu. Um Transport und Lagerung miteinander verbinden zu können, sind Vorgänge erforderlich, durch welche zum Beispiel die Fahrzeuge be- oder entladen und die Güter ein- oder ausgelagert werden. Zudem unterliegen auch reine Transportsysteme dem Auslastungszwang. Die Auslastung kann hier durch eine Bündelung von

2.1 Logistik und Logistische Dienstleistungen

Sendungsaufkommen gesteigert werden. Dazu ist allerdings ein Wechsel der Güter zwischen Transporteinheiten erforderlich. Die Vorgänge zum Wechsel zwischen Raum- und Zeitüberwindungskapazitäten sowie zwischen verschiedenen Raumüberwindungskapazitäten wird als Umschlag bezeichnet. Der Umschlag ist damit auch eine zentrale Voraussetzung für das Funktionieren von Wirtschaften (vgl. ähnlich Pfohl 2010, S. 3 ff.).

Mit dem Transport, dem Umschlag und der Lagerung ist dann bereits der Kern dessen angesprochen, was gemeinhin unter Logistik verstanden wird („TUL-Logistik"). Pfohl definiert Logistik als „alle Tätigkeiten, durch die die raumzeitliche Gütertransformation und die damit zusammenhängenden Transformationen hinsichtlich der Gütermengen und -sorten, der Güterhandhabungseigenschaften sowie der logistischen Determiniertheit der Güter geplant, gesteuert, realisiert oder kontrolliert werden. Durch das Zusammenwirken dieser Tätigkeiten soll ein Güterfluss in Gang gesetzt werden, der einen Lieferpunkt mit einem Empfangspunkt möglichst effizient verbindet" (Pfohl 2010, S. 12). Daraus lässt sich dann auch die verbreitete Definition der Logistik über die vier R ableiten: „Die Logistik hat dafür zu sorgen, dass ein Empfangspunkt gemäß seines Bedarfs von einem Lieferpunkt mit dem richtigen Produkt (in Menge und Sorte), im richtigen Zustand, zur richtigen Zeit, am richtigen Ort zu den dafür minimalen Kosten versorgt wird" (Pfohl 2010, S. 12). Im Kern geht es dabei stets um das Herstellen von räumlicher, zeitlicher und qualitativer Verfügbarkeit unter der Berücksichtigung einer mehr oder minder großen Zahl von Restriktionen (vgl. Bretzke 2010, S. 1 f.).

Standen anfänglich die Kernprozesse Transport, Lagerung und Umschlag im Mittelpunkt, so hat sich der Betrachtungswinkel mittlerweile erweitert. Es geht um das Verstehen und darauf aufbauende Steuern komplexer, wertschöpfungskettenübergreifender Systeme im Rahmen des Supply Chain Managements. Allerdings bleibt die Beherrschung der Kernprozesse weiterhin von zentraler Bedeutung. Insbesondere mit zunehmender Globalisierung und Arbeitsteilung wird die „Überwindung räumlicher Distanz" (Göpfert 2005, S. 17) immer bedeutender. Aufgrund der permanent steigenden Komplexität erhöht sich zudem fortwährend die Bedeutung von Informations- und Wissensmanagement in der Logistik (vgl. Piontek, J. (2009), S. 1).

Die Ursprünge der Logistik lassen sich im militärischen Bereich finden, wobei die Hauptaufgaben in der zuverlässigen Versorgung der Truppen mit allen wesentlichen „Gütern" lagen. Die damit zusammenhängenden Prinzipien und dafür entwickelten Methoden wurden nach und nach auch in den betriebswirtschaftlichen Zusammenhang übernommen. Etwa seit den 1950er-Jahren finden sich Logistikansätze. Seitdem haben sich die Ansätze deutlich weiterentwickelt und die Logistik hat sich als feste Disziplin etabliert.[1]

---

[1] Zu einem kurzen Abriss der der Entwicklung der Logistik vom militärischen in den betriebswirtschaftlichen Bereich vgl. etwa Ihde 2001, S. 20 ff., aber auch Pfohl 2010, S. 11 zur Diskussion des Ursprungs des Begriffes Logistik.

Zur weiteren Strukturierung lassen sich logistische Zusammenhänge in eine Makro-, eine Meta- und eine Mikro-Logistik einteilen. Auf der Makro-Ebene ist die Logistik Bestandteil der Gesamtwirtschaft. Betrachtet werden insbesondere makroökonomische Aspekte, wie etwa der Modal Split, also die Aufteilung des Verkehrsaufkommens und der Verkehrsleistung auf die einzelnen Verkehrsträger in einer Volkswirtschaft. Auf der Meta-Ebene werden die Zusammenhänge zwischen verschiedenen Unternehmen oder Betriebsstätten betrachtet. Meta-logistische Systeme stellen stets einen Ausschnitt aus makro-logistischen Systemen dar und haben ihr wesentliches Erkenntnisinteresse in der Optimierung standortübergreifender Logistiksysteme. In diesem Fall spricht man auch von überbetrieblicher Logistik. Auf der Mikro-Ebene wird die Logistik in einem Unternehmen bzw. einer Organisation betrachtet. Dabei wird üblicherweise zwischen Beschaffungs-, Produktions-, Distributions- und Entsorgungslogistik unterschieden (vgl. Ihde 2001, S. 55 ff.). Für die hier betrachteten Zusammenhänge sind insbesondere die Meta- und die Mikro-Ebene von Bedeutung. Gleichwohl müssen auch Aspekte der Makro-Ebene, wie etwa das erwartete Wachstum des Verkehrsaufkommens mit seinen Umweltauswirkungen, berücksichtigt werden.

Die bisher beschriebenen Kernprozesse der Logistik können sowohl für eigene Zwecke durch ein Industrie- oder Handelsunternehmen oder aber durch Dritte für Industrie- oder Handelsunternehmen erbracht werden. Das Ergebnis kann in beiden Fällen das gleiche sein (vgl. zur institutionellen Betrachtung vor allem Ihde 2001, S. 40 ff.). Im ersten Fall stellen die Logistikleistungen sog. Sekundärleistungen dar, welche durch ein Industrie- oder Handelsunternehmen erbracht werden. Die Sekundärleistungen, zum Beispiel ein Transport von 30 Paletten produziertem Joghurt vom Produktionsstandort zu einem Handelszentrallager durch den Produzenten, werden durchgeführt, um die eigentlichen Primärleistungen des Unternehmens, was in diesem Falle die Produktion des Joghurts wäre, am Markt absetzen zu können. Die Logistik übernimmt dann eine Servicefunktion im eigenen Unternehmen. Übernimmt jedoch ein Dritter diesen Transport, der durch einen der beiden anderen Akteure beauftragt wurde, und gerade mit diesem Transportieren seine am Markt absetzbare Leistung erbringt, so wird aus der Sekundär- eine Primärleistung. Handelt es sich um eine Primärleistung, wird dadurch der logistische Bedarf Dritter gegen Entgelt gedeckt (vgl. Lohre 2007, S. 7). Das Ergebnis ist in beiden Fällen allerdings das gleiche.

Unternehmen, welche die zuvor beschriebenen Logistikleistungen als Primärleistungen erbringen, werden gemeinhin als Logistikunternehmen, logistische Dienstleistungsunternehmen oder logistische Dienstleister bezeichnet. Darunter verbirgt sich allerdings eine erhebliche Vielfalt, vom reinen Transportunternehmer über einen Warehouse-Logistiker bis hin zu einem auf die Logistik von Groß-Events spezialisierten Anbieter.

2.1 Logistik und Logistische Dienstleistungen

Logistikunternehmen repräsentieren also die Bindeglieder zwischen den einzelnen Wertschöpfungsstufen und den darin vertretenen Industrie- und Handelsunternehmen, wie in Abb. 2.1 dargestellt wird.

Es wird deutlich, dass der wesentliche Einsatzbereich von Logistikdienstleistern im Bereich der überbetrieblichen Logistik (Meta-Ebene) liegt. Mit der Zeit haben sich die Logistikdienstleister vermehrt von ihrem ursprünglichen Tätigkeitsbereich- bildlich gesprochen -nach links und rechts in die Wertschöpfungsketten ihrer Auftraggeber hineinbewegt. Es können dabei folgende Ausprägungen differenziert werden, die in Abb. 2.2 aufgeführt sind.

Entsprechend können auch die logistischen Leistungen selbst in Einzel-, Verbund- und Systemleistungen unterteilt werden. Unter Einzelleistungen werden

Abb. 2.1 Die Rolle des LDL in der Lieferkette (Vgl. Baumgarten, H. (2008), S. 14)

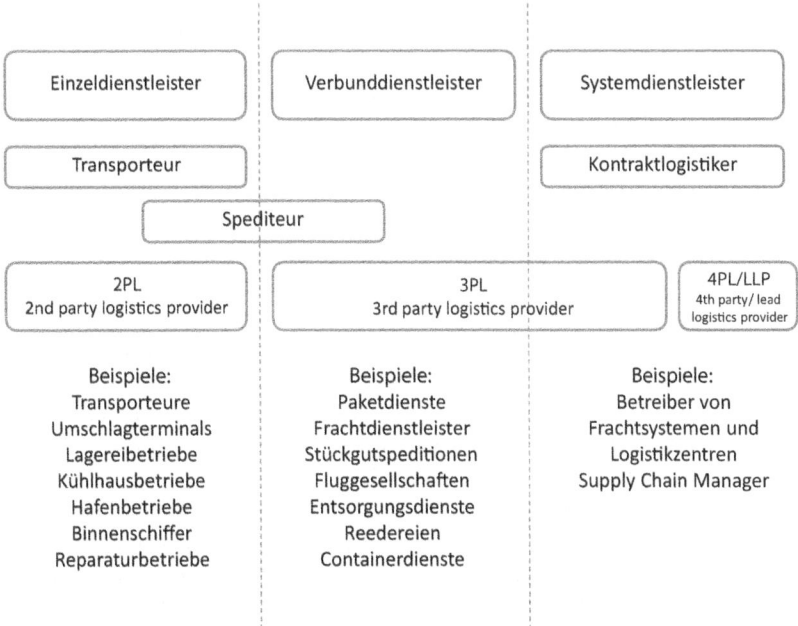

Abb. 2.2 Arten von Logistikdienstleistern (in Anlehnung an Scholz-Reiter, B. (2008), S. 585)

die klassischen Transport-, Umschlags- und Lagerleistungen sowie abgrenzbare Sonderleistungen (z. B. Verzollung, Leergutdienste, Inkasso oder Reparatur- und Montagedienste) verstanden. Bei den Verbundleistungen werden verschiedene Einzelleistungen kombiniert sowie Prozessleistungen, wie beispielsweise Auftragsannahme und -abwicklung und Sendungsverfolgung, erbracht. Die Systemleistungen umfassen den Betrieb ganzer Logistiksysteme. Zusätzlich können dabei administrative Leistungen wie Netzwerkmanagement, Betriebsführung oder Beratungsleistungen erbracht werden (vgl. Scholz-Reiter 2008, S. 583 f.).

2.2 Merkmale der Logistikbranche

Mit einem geschätzten Volumen von etwa 223 Mrd. € trägt die Logistik einen erheblichen Teil zur Bruttowertschöpfung in Deutschland bei. Nachdem das Volumen in der Finanzkrise im Jahre 2008/2009 zurückgegangen ist, wurde es seitdem wieder gesteigert. Mit ca. 2,8 Mio. Beschäftigten stellt die Logistik mittlerweile auch eine bedeutende Zahl an Arbeitsplätzen in der deutschen Wirtschaft zur Verfügung (vgl. Kille und Schwemmer 2013, S. 35 ff.). Zu unterscheiden ist allerdings, wie bereits oben dargestellt, ob die Logistik als Sekundärleistung in einem Industrie- oder Handelsunternehmen oder ob sie als Primärleistung durch einen Logistikdienstleister erbracht wird. Betrachtet man ausschließlich die Primärleistungen, so wird für diese ein Umsatz von etwa 110 Mrd. € geschätzt (vgl. Kille und Schwemmer 2013, S. 40). Damit erbringen die Logistikunternehmen etwa die Hälfte des Logistikvolumens als Primärleistungen, während die andere Hälfte bei den Industrie- und Handelsunternehmen als Sekundärleistung erbracht wird.

Die einzelnen Logistikleistungen unterscheiden sich hinsichtlich ihres Umfangs, ihrer Komplexität und ihrer Erstellungsprozesse teils deutlich voneinander. Daher werden sie unterschiedlichen Marktsegmenten bzw. Teilmärkten zugeordnet. Die „Top 100" beispielsweise unterteilen den gesamten Logistikmarkt in 14 Teilmärkte, auf denen dann jeweils gänzlich andere Leistungen erbracht werden, wie etwa Verzollungen im internationalen Bereich oder Montage von Modulen im Automotive-Bereich. Betrachtet man das Volumen der einzelnen Teilmärkte, dann ergibt sich die in Tab. 2.1 dargestellte Verteilung.

Es ist zu beachten, dass jeder einzelne Teilmarkt auch eigene Rahmenbedingungen und Strukturen vorweist. So kommen in den einzelnen Märkten beispielsweise unterschiedliche Verkehrsträger zum Einsatz, die sich hinsichtlich ihrer Kostenstrukturen, ihrer Einsatzbedingungen und ihrer Kapazitäten deutlich voneinander unterscheiden. Auch die im jeweiligen Marktsegment benötigte Infrastruktur unterscheidet sich. Insgesamt resultieren daraus unterschiedliche Wettbewerbs-

2.2 Merkmale der Logistikbranche

Tab. 2.1 Anteile der einzelnen Marktsegmente am Logistikvolumen (Quelle: Kille und Schwemmer 2013, S. 21)

Rang	Marktsegment	Anteil Umsatzwertvolumen (%)
1	Industrielle Kontraktlogistik	28,3
2	Konsumgüterkontraktlogistik	11,1
3	Ladungsverkehre landgebunden	10,6
4	Terminaldienste, Lagerei und Umschlag	10,5
5	KEP Kurier, Express, Paket	7,0
6	Massengutlogistik	6,4
7	Seefracht	6,2
8	Ladungsverkehre spezielles Equipment	4,6
9	Stückgutverkehre landgebunden	4,4
10	Luftfracht	4,0
11	Netzwerk-Transporte spezieller Güter	3,4
12	Spezielle Ladungsverkehre (Flüssig- und Schüttgüter)	3,0
13	Spezielle Ladungsverkehre (Krandienste)	0,4

bedingungen und Konzentrationsgrade. Vergleicht man beispielsweise die Marktsegmente landgebundene Stückgutverkehre und industrielle Kontraktlogistik in Bezug auf die Konzentration miteinander, so zeigen sich große Unterschiede. Im Marktsegment für landgebundene Stückgutverkehre, in dem fixkostenintensive, flächendeckende Netzwerke den Wettbewerb bestimmen und zur Auslastung „um jeden Preis" zwingen, herrscht eine sehr hohe Konzentration. Hier vereinen die zehn größten Anbieter einen Umsatzanteil von 75 % auf sich. Im Marktsegment für industrielle Kontraktlogistik haben die zehn größten Anbieter lediglich einen Anteil von 25 % (vgl. zu den Zahlen Kille und Schwemmer 2013, S. 77 und S. 87).

Im europäischen Vergleich ist Deutschland mit 223 Mrd. € mit Abstand der größte Logistikmarkt. Auf Platz zwei folgt mit 131 Mrd. € Frankreich, auf Platz drei Großbritannien mit 93 Mrd. €. Im Europa der 29 beträgt das geschätzte Logistikvolumen 950 Mrd. € (vgl. Kille und Schwemmer 2013, S. 135 ff.).

Die Branche für Logistikdienstleistungen lässt sich durch verschiedene Merkmale beschreiben:

Hohe Konzentration Der Branchenumsatz, welcher den an Dritte fakturierten Primärleistungen entspricht, beläuft sich, wie bereits dargestellt, auf etwa 110 Mrd. €. Die zehn größten Unternehmen haben daran einen Anteil von etwa 27 % und die 100 größten Unternehmen vereinen einen Anteil von 54 % auf sich (eigene Berechnungen nach Zahlen aus Kille und Schwemmer 2013, S. 169 ff.).

Mittelständische Prägung Trotz weiterer Konzentrationstendenzen ist die Branche nach wie vor mittelständisch geprägt. Lässt man Einzelunternehmen und Personengesellschaften unberücksichtigt, so existieren allein im gewerblichen Güterkraftverkehr etwa 14.000 Unternehmen, die als Kapitalgesellschaft eingetragen sind (vgl. BAG 2012, S. 2).

Transport dominiert nach wie vor Mit gut 71 Mrd. € macht der Transport 65 % des gesamten Branchenumsatzes aus. Lager- und Umschlagsleistungen haben mit 24 Mrd. € einen Anteil von 22 %. Insgesamt dominiert damit nach wie vor die „klassische" TUL-Logistik mit 87 % den Branchenumsatz (vgl. zu den Zahlen Kille und Schwemmer 2013, S. 40).

Pyramidisierung In der Branche ist eine Entwicklung zu beobachten, die vom Grundsatz mit der Entwicklung der Lieferantenstrukturen in der Automobilindustrie zu vergleichen ist. Nahe am eigentlichen Logistikkunden können sich nur wenige, sog. First Tier Supplier bzw. Lead Logistics Providers (LLP) etablieren. Diese decken für den Auftraggeber einen Großteil seines logistischen Bedarfs ab und liefern Logistikpakete. Diese Pakete werden allerdings nicht ausschließlich durch die LLP selbst erbracht, sondern Teile davon werden wiederum an andere Logistikdienstleister, die in der zweiten Reihe stehen, vergeben. Je weiter man als Anbieter dabei vom eigentlichen Logistikkunden entfernt ist, desto leichter austauschbar ist man und desto wichtiger wird damit der Preis als Wettbewerbskriterium.

Preisdominierter Wettbewerb in klassischen Marktsegmenten Für logistische Dienstleistungen liegt eine derivative Nachfrage vor, was im Kern bedeutet, dass weitere Nachfrage nicht durch die Anbieter generiert werden kann, beispielsweise, indem Marketingaktivitäten gesteigert werden. Es muss vielmehr stets ein anderer Wirtschaftsakt im Sinne einer verteilten Produktion oder eines Kaufes von Gütern die Nachfrage nach Logistikleistungen, insbesondere Transporten, auslösen. Kann das Marktvolumen aber durch die Anbieter nicht selbst erhöht werden, lassen sich Marktanteile am schnellsten durch Preiszugeständnisse erreichen. Hinzu kommt, dass die Kostenstrukturen in bestimmten Marktsegmenten, wie etwa den Systemverkehren, durch sehr hohe Fixkostenanteile geprägt sind. Eine hohe Auslastung ist in diesen Marktsegmenten eine zentrale Voraussetzung, um Stückkosten senken und erfolgreich agieren zu können. Auch diese Konstellation übt erheblichen Druck auf die Preise am Markt aus.

2.3 Verkehrsträger

Zur Lösung ihrer Aufgaben stehen den Transportlogistikern unterschiedliche „Produktionsverfahren" zur Verfügung. Sie können sich verschiedener Verkehrsträger und Transportabwicklungsformen bedienen. Als Verkehrsträger wird jeweils die Gesamtheit von Unternehmen bezeichnet, welche die gleiche Verkehrsinfrastruktur benutzen (vgl. Klaus und Krieger 2008, S. 613). Es werden der Straßengüterverkehr, der Bahnverkehr, die Binnenschifffahrt, die Luftfracht sowie die Seeschifffahrt unterschieden. Hinzu wird üblicherweise auch der Rohrleitungsverkehr gezählt (vgl. Aberle 2009, S. 18). Die statistische Betrachtung der Aufteilung des gesamten Güterverkehrs kann dabei nach der beförderten Menge in Tonnen oder nach der Verkehrsleistung in Tonnenkilometern (tkm) erfolgen. Die tkm stellen das Produkt aus beförderter Menge und zurückgelegter Entfernung dar. Beide Aufteilungen auf die einzelnen Verkehrsträger werden auch als Modal-Split bezeichnet.

Die Verkehrsträger stehen teilweise im Wettbewerb zueinander, teilweise allerdings ergänzen sie sich mit ihrem Leistungsprofil auch. Der Straßengüterverkehr, der Eisenbahngüterverkehr und die Binnenschifffahrt werden aufgrund ihrer Bodengebundenheit auch als Landverkehrsträger oder Träger des landgebundenen Verkehrs bezeichnet. Vergleicht man die Entwicklung dieser Landverkehrsträger, bezüglich ihres Aufkommens wie auch ihrer Verkehrsleistung, wird die Dominanz des Straßengüterverkehrs unmittelbar deutlich (vgl. Bühler 2006, S. 7 f.). Die Tab. 2.2 zeigt die aktuellen Anteile der drei Verkehrsträger am landgebundenen Model Split.

Die starke Dominanz des Straßengüterverkehrs lässt sich unter anderem auf seine engmaschige Infrastruktur und die damit in Zusammenhang stehende Möglichkeit zurückführen, nahezu jeden Punkt, zumindest aber jedes Unternehmen, in der Fläche zu erreichen. Diese als Netzbildungsfähigkeit bezeichnete Eigenschaft des Verkehrsträgers Straße ist eine von mehreren Eigenschaften, anhand derer die Leistungsfähigkeit der Verkehrsträger verglichen werden kann. Insgesamt münden diese Eigenschaften in ein Verkehrswertigkeitsprofil, das als Konzept der

Tab. 2.2 Anteile der Landverkehrsträger am Modal Split 2013 (Quelle: BAG 2014, S. 6)

Verkehrsträger	Verkehrsaufkommen		Verkehrsleistung	
	Mio. t	%	Mrd. tkm	%
Straßengüterverkehr	2926,3	83,0	280,7	61,9
Bahnverkehr	373,7	10,6	112,6	24,8
Binnenschifffahrt	226,9	6,4	60,1	13,3
Summe	3526,9	100,0	453,4	100,0

Verkehrswertigkeiten von Voigt aufgestellt wurde. Ziel dabei war es, nicht ausschließlich eine Einordnung anhand der verkehrsstatistischen Maße, Aufkommen und Verkehrsleistung, vorzunehmen, sondern auch die Leistungsfähigkeit nach der Fähigkeit, Transportleistungen mit bestimmten Qualitäten zu erbringen, zu berücksichtigen. Mit Hilfe der Verkehrswertigkeit soll die Fähigkeit eines Verkehrsträgers zur Erfüllung bestimmter Transportaufgaben zum Ausdruck gebracht werden (vgl. Voigt 1973, S. 69 ff.).

Insgesamt werden dabei sieben Qualitätsmerkmale einer Verkehrsleistung unterschieden (vgl. hierzu Voigt 1973, S. 80 ff.):

- Massenleistungsfähigkeit
- Schnelligkeit
- Fähigkeit zur Netzbildung
- Berechenbarkeit
- Häufigkeit der Verkehrsbedienung
- Sicherheit
- Bequemlichkeit

Der Straßengüterverkehr beispielsweise verfügt im Vergleich zum Bahnverkehr lediglich über eine geringe Massenleistungsfähigkeit, er ist allerdings wie kein anderer Verkehrsträger in der Lage, engmaschige Netze zu knüpfen. Insbesondere diese beiden Eigenschaften versucht man im sog. Kombinierten Verkehr zu verbinden, indem der Straßengüterverkehr in der Fläche eingesetzt wird und zur Überwindung der langen Distanz die Bahn zum Einsatz kommt, um ihre Massenleistungsfähigkeit auszunutzen.

Mittlerweile hat die Diskussion um das Thema Nachhaltigkeit im Verkehr hohe Bedeutung erlangt. Ziel der Nachhaltigkeitsbestrebungen beim Einsatz der Verkehrsträger ist die Minimierung schädlicher Umwelteinflüsse durch die Transportprozesse, wobei in der Regel eine differenzierte Betrachtung der Bereiche Energieverbrauch und Treibhausgase, Luftschadstoffe, Verkehrslärm und Flächeninanspruchnahme erfolgt. Das Ziel einer Reduzierung der Flächeninanspruchnahme richtet sich zwar primär an die Straßenbaulastträger, betrifft über daraus resultierende Engpässe aber auch die Logistikunternehmen. Die drei anderen Punkte hingegen lassen sich durch die Logistikunternehmen unmittelbar beeinflussen.

Zunächst fand dabei in den 1980er-Jahren, vor dem Hintergrund des sauren Regens und des Waldsterbens, eine Konzentration auf die Reduzierung der Schadstoffemissionen statt. Durch Entwicklungen in der Fahrzeugtechnik konnten hier mittlerweile große Erfolge erzielt werden. Aufgrund des aktuell stark diskutierten Klimawandels, haben sich die öffentliche Wahrnehmung, und damit auch die

Ziele, in Richtung Reduzierung von verkehrsbezogenen Treibhausgasemissionen verlagert (vgl. Lohre et al. 2012, S. 19). Statt zu einer Reduzierung der Treibhausgasemissionen beizutragen, hat der Güterverkehr seine Emissionen in der Vergangenheit aufgrund des starken Verkehrswachstums vielmehr gesteigert. So sind die direkten Treibhausgasemissionen des landgebundenen Güterverkehrs zwischen 1990 und 2008 um etwa 50% gestiegen (vgl. UBA 2012, S. 46).

Literatur

Aberle, G. (2009): Transportwirtschaft: einzelwirtschaftliche und gesamtwirtschaftliche Grundlagen, 5. Aufl., München, Wien.

Bühler, G. (2006): Verkehrsmittelwahl im Güterverkehr, ZEW Schriftenreihe Umwelt- und Ressourcenökonomie, Heidelberg.

Baumgarten, H. (2008): Das Beste in der Logistik - Auf dem Weg zu logistischer Exzellenz, in: Baumgarten, H. (Hrsg.) (2008): Das Beste der Logistik. Innovationen, Strategien, Umsetzungen, Berlin, S. 11–19.

BAG (2012): Struktur der Unternehmen des gewerblichen Güterkraftverkehrs und des Werksverkehrs, Band USTAT 17, Stand November 2010, Köln.

BAG (2014): Marktbeobachtung des gewerblichen Güterkraftverkehrs

Bretzke, W.R. (2010): Logistische Netzwerke, 2. wesentl. bearb. u. erw. Aufl., Berlin.

Göpfert, I. (2005): Logistik, Führungskonzeption: Gegenstand, Aufgaben und Instrumente des Logistikmanagements und –controllings, 2. überarb. u. erw. Aufl., München.

Ihde, G.B. (2001): Transport, Verkehr, Logistik: Gesamtwirtschaftliche Aspekte und einzelwirtschaftliche Handhabung, 3. völlig überarb. u. erw. Aufl., München.

Kille, C./ Schwemmer, M. (2013): Challenges 2013. Prognosen, Hochrechnungen und Finanzkennzahlen zum Logistikmarkt, Hamburg.

Klaus, P./ Krieger, W. (Hrsg.) (2008): Gabler Lexikon Logistik. Management logistischer Netzwerke und Flüsse, 4. kompl. durchges. u. aktual. Aufl., Wiesbaden.

Lohre, D. (2007): Herausforderungen des Controlling in Speditionen, in: Lohre, D. (Hrsg.) (2007): Praxis des Controllings in Speditionen, Frankfurt am Main, S., 3-19.

Lohre, D. et al. (2012): ZF-Zukunftsstudie Fernfahrer. Der Mensch im Transport- und Logistikmarkt, Friedrichshafen et al.

Pfohl, H.-Chr. (2010): Logistiksysteme, Betriebswirtschaftliche Grundlagen, 8. neu bearb. u. aktual. Aufl., Berlin.

Piontek, J. (2009): Bausteine des Logistikmanagements: Supply Chain Management. E-Logistics. Logistikcontrolling, 3. Aufl., Herne.

Scholz-Reiter, B. (2008): Logistikdienstleistungen, in: Arnold, D. et al. (Hrsg.) (2008): Handbuch Logistik, 3. Aufl., Berlin, S. 581-610.

UBA (2012): Daten zum Verkehr, Ausgabe 2012, Dessau.

Voigt, F. (1973): Verkehr, Erster Band, Erste Hälfte, Die Theorie der Verkehrswirtschaft. Berlin.

Grundlagen der Nachhaltigkeit 3

Die Begriffe Nachhaltigkeit, Nachhaltige Entwicklung und Corporate Social Responsibility (CSR) werden aktuell sehr lebhaft diskutiert. Die hohe Aufmerksamkeit, die diesen, aus Unternehmenssicht eher als schwer greifbar erscheinenden, weichen Themen auf gesellschaftlicher Ebene entgegengebracht wird, hat aber auch dazu geführt, dass zum einen der Begriff inflationär und teilweise auch missverständlich und mitunter schlicht falsch verwendet wird. Zum anderen wird eine Vielzahl neuer Begrifflichkeiten im Themenkreis synonym und dadurch ebenfalls missverständlich interpretiert. Die Konsequenz daraus ist, neben einer Art intellektuellen Ermüdung gegenüber sozial und ökologisch geprägten Bemühungen, vor allem die Gefahr einer schwindenden Glaubwürdigkeit, wie sie mittlerweile etwa bei einigen Bio- und Ökozertifikaten zu beobachten ist. Für ein einheitliches Verständnis ist es daher wichtig, zunächst eine klare Begriffsabgrenzung vorzunehmen und einen kurzen Blick auf die bisherige Entwicklung der Nachhaltigkeit zu werfen. Im Folgenden wird daher die Abgrenzung insbesondere zwischen Nachhaltigkeit und CSR vorgenommen.

3.1 Begriffsabgrenzung und Entwicklung der Nachhaltigkeit

Der Grundgedanke und die erstmalig dokumentierte Nennung des Begriffes **Nachhaltigkeit** feierten im Jahr 2013 bereits den 300. Geburtstag. Der sächsische Oberberghauptmann Hans Carl von Carlowitz prägte den Begriff der Nachhaltigkeit bzw. der nachhaltenden Nutzung. Er legte in seinem Werk „Sylvicultura oeconomica", das sich auf die Forstwirtschaft und den Bergbau bezogen hat, die Grundlagen. Der forstwirtschaftliche Ansatz besagte, dass nur so viel Holz entnommen werden dürfe, wie in den kommenden Jahren wieder nachwächst (vgl. Schunk 2009, S. 66). Seitdem hat sich das Verständnis von Nachhaltigkeit weiterentwickelt. Insbesondere die Fokussierung auf ökonomisch-ökologische Zusammenhänge – Holz war nicht nur wichtigste Energiequelle, sondern auch Baumaterial – wurde durch eine soziale Perspektive ergänzt.

Die bekannteste Definition, die das heutige Verständnis von Nachhaltigkeit maßgeblich geprägt hat, ist die der sog. Brundtland-Kommission aus dem Jahre 1987. Die ehemalige norwegische Ministerpräsidentin Gro Harlem Brundtland hatte den Vorsitz der später nach ihr benannten World Commission on Environment and Development der Vereinten Nationen inne. Dort wurde ein weit gefasstes politisches Konzept für nachhaltige Entwicklung im sog. Brundtland-Bericht „Our Common Future" (Report of the World Commission on Environment and Development: Our Common Future 1987) begründet: „Dauerhaft ist eine Entwicklung, die die Bedürfnisse der Gegenwart befriedigt, ohne zu riskieren, dass zukünftige Generationen ihre eigenen Bedürfnisse nicht befriedigen können" (Rat für Nachhaltige Entwicklung 2012, S. 16). Weiterhin wird gesprochen von einem dauerhaften „[…] Wandlungsprozess, in dem die Nutzung von Ressourcen, das Ziel von Investitionen, die Richtung technologischer Entwicklung und institutioneller Wandel miteinander harmonieren und das derzeitige und künftige Potenzial vergrößern, menschliche Bedürfnisse und Wünsche zu erfüllen" (Rat für Nachhaltige Entwicklung 2012, S. 16). Damit wurden im Kontext der Nachhaltigkeit zwei wichtige Forderungen formuliert, nämlich die der Generationengerechtigkeit und einer umfassenden Verhaltensänderung.

Daraus lassen sich die drei Säulen der Nachhaltigkeit, auch als Nachhaltigkeitsdreieck oder Triple Bottom Line bezeichnet, ableiten (siehe Abb. 3.1). Die Berei-

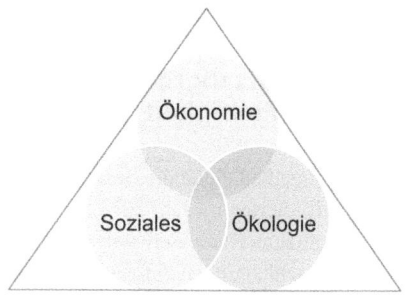

Abb. 3.1 Nachhaltigkeitsdreieck

3.1 Begriffsabgrenzung und Entwicklung der Nachhaltigkeit

che Ökonomie, Ökologie und Soziales werden als gleichwertige Teile angesehen, die nur zusammen zur Nachhaltigkeit führen (vgl. Schunk 2009, S. 67). Sie sind voneinander abhängig und beeinflussen sich somit gegenseitig (vgl. ISO 26000 2011, S. 18).

Der Ursprung von **CSR** geht zurück auf das Ende des 19. Jahrhunderts und zielt auf die Verantwortung ab, welche Unternehmen gegenüber der Gesellschaft haben. Im Zuge der Industrialisierung wurde erstmals die Problematik sozialer Ungleichgewichte in das Handeln von Unternehmen einbezogen. Die Verbesserung der Arbeitsbedingungen und die zur Verfügungstellung von Wohnraum standen, den damaligen Lebens- und Arbeitsbedingungen entsprechend, zunächst im Mittelpunkt.

CSR hat damit, ohne so benannt zu werden, bereits seit längerer Zeit eine Art „Breitenwirkung" erzielt, noch bevor die Diskussion um eine Nachhaltige Entwicklung aufkam. Diese entwickelte ihre gesellschaftliche Relevanz erst aus der weltweiten Umweltschutzdiskussion und wurde im Brundtland-Report 1987 ausformuliert. Im Jahr 1992 wurde die Nachhaltige Entwicklung als globales Leitbild auf der UN-Konferenz in Rio de Janeiro festgelegt (vgl. Loew et al. 2004a, S. 2, 9).

Im Juni 2012 fand mit Rio 20 plus erneut ein Weltgipfel in Rio de Janeiro statt: Zwanzig Jahre nach der ersten Konferenz zur Nachhaltigen Entwicklung wurde auf Erreichtes zurückgeblickt und neue Ziele für die Zukunft wurden formuliert.

Die Abb. 3.2 verdeutlicht die parallelen Entwicklungen von CSR und Nachhaltiger Entwicklung seit den 1950er-Jahren.

Aus dem englischsprachigen Raum hat sich seit dem Jahr 2000 neben dem CSR insbesondere das sog. ‚Corporate Citizenship' (CC) in Deutschland verbreitet. Die Verwendung dieser Begriffe und die Einordnung in den Kontext der Nachhaltigen Entwicklung sind allerdings nicht immer einheitlich. CSR wird häufig mit Nachhaltigkeit gleichgesetzt, obwohl dies nicht der eigentlichen inhaltlichen Bedeutung

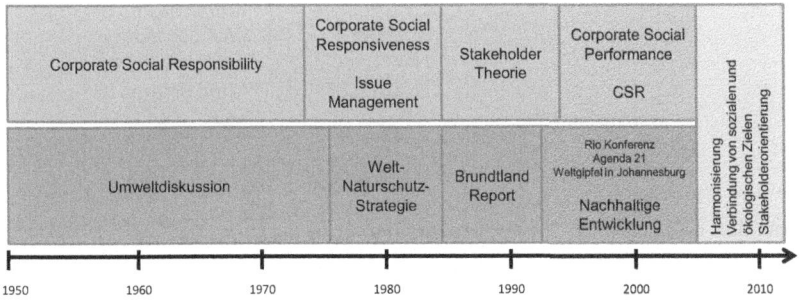

Abb. 3.2 Zeitleiste Nachhaltige Entwicklung und CSR (vgl. Loew et al. 2004a, S. 9 f.)

entspricht, da CSR sich hauptsächlich auf ökologische und soziale Aspekte der Nachhaltigkeit bezieht und die ökonomische Dimension dabei kaum berücksichtigt (vgl. Schunk 2009, S. 90).

Abbildung 3.3 veranschaulicht die Beziehung zwischen den einzelnen Elementen. Nachhaltigkeit spielt sich aus Sicht von Unternehmen vor allem auf zwei Ebenen ab: auf der gesamtgesellschaftlichen und der einzelwirtschaftlichen Ebene. Auf der einzelwirtschaftlichen Ebene setzt sich Nachhaltigkeit in einem Unternehmen aus drei Komponenten zusammen: CC (dem gesellschaftlichen Engagement), CSR (dem ökologischen und sozialen Engagement) und Corporate Sustainability. Corporate Sustainability, also die nachhaltige Unternehmensführung, umfasst die beiden Komponenten CC und CSR und kann damit als das große Ganze, das übergeordnete Konstrukt bezeichnet werden. Damit unterstützt die Corporate Sustainability eines Unternehmens auch die nachhaltige Entwicklung auf gesamtgesellschaftlicher Ebene.

Allen drei vorgenannten Komponenten ist gemein, dass das Unternehmen sich freiwillig und bewusst dafür entscheidet (vgl. Loew et al. 2004a, S. 9 ff.).

Im Kontext der Nachhaltigkeit sind vier Bereiche der Unternehmensverantwortung zu unterscheiden. Die Basis bilden die wirtschaftliche und rechtliche Verantwortung, denn ohne Profitabilität einerseits und rechtskonformes Verhalten andererseits, ist eine auf Langfristigkeit angelegte, erfolgreiche Marktpräsenz nicht möglich. Diese beiden sind deshalb auch als unabdingbar anzusehen. Die anderen beiden Verantwortungsbereiche entsprechen der auf Freiwilligkeit basierenden ethischen Verantwortung, also dem sittlich-moralisch richtigen Verhalten,

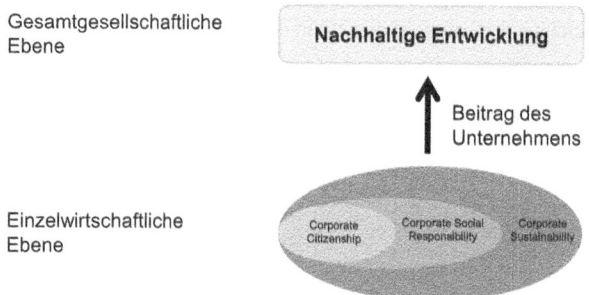

Abb. 3.3 Einordnung der Begrifflichkeiten in den Kontext Nachhaltiger Entwicklung (Loew et al. 2004a, S. 12)

und schließlich der philanthropische Verantwortung, womit das gesellschaftliche Engagement eines Unternehmens angesprochen ist (vgl. Burton 2011, S. 39).

3.2 Stand der Nachhaltigkeit in Deutschland

In der Bundesrepublik Deutschland ist das Konzept der Nachhaltigen Entwicklung bereits im Jahre 1994 in das Grundgesetz eingegangen. Dort heißt es in Artikel 20a: „Der Staat schützt auch in Verantwortung für die künftigen Generationen die natürlichen Lebensgrundlagen und die Tiere im Rahmen der verfassungsmäßigen Ordnung durch die Gesetzgebung und nach Maßgabe von Gesetz und Recht durch die vollziehende Gewalt und die Rechtsprechung".

Im April 2001 wurde der Rat für Nachhaltige Entwicklung eingerichtet. Seine Aufgaben liegen in der Entwicklung von Beiträgen für die Umsetzung der nationalen Nachhaltigkeitsstrategie, der Benennung konkreter Handlungsfelder sowie darin, Nachhaltigkeit zu einem wichtigen öffentlichen Anliegen zu machen (Rat für Nachhaltige Entwicklung 2015, o. S.). Im Jahre 2002 beschloss die damalige Bundesregierung eine nationale Nachhaltigkeitsstrategie mit dem Titel „Perspektiven für Deutschland", in der konkrete mittel- und langfristige Nachhaltigkeitsziele festgelegt wurden. So sollen zum Beispiel die Treibhausgasemissionen bis 2020 gegenüber 1990 um 40 % gesenkt, der Anteil erneuerbarer Energien am Energieverbrauch bis 2050 auf 60 % gesteigert werden und bis zum Jahr 2015 ein Viertel der Güterbeförderungsleistung auf der Schiene stattfinden (Bundesregierung 2011, S. 143 ff. und S. 185 ff.). Im Jahr 2013 lag der Anteil der Bahn an der Verkehrsleistung der Landverkehrsträger bei 18 %, wie auch in den Jahren zuvor (vgl. BAG 2014, S. 7). Eine Erreichung des 25 %-Ziels für 2015 kann damit als unrealistisch angesehen werden. Mittlerweile wurden auch in vielen Bundesländern umfassende Nachhaltigkeitsstrategien erarbeitet.

Um die Nachhaltige Entwicklung voranzutreiben und Unternehmen zu motivieren, sich an dieser zu beteiligen, wird seit 2008 der Deutsche Nachhaltigkeitspreis von der Stiftung Deutscher Nachhaltigkeitspreis e. V. – in Zusammenarbeit mit der Bundesregierung, kommunalen Spitzenverbänden, Wirtschaftsvereinigungen, zivilgesellschaftlichen Organisationen und Forschungseinrichtungen – verliehen. Unternehmen, die vorbildlich wirtschaftlichen Erfolg mit sozialer Verantwortung und Schonung der Umwelt verbinden, werden mit diesem Preis ausgezeichnet (Stiftung Nachhaltigkeitspreis 2015, o. S.).

Im internationalen Vergleich schneiden deutsche Unternehmen tendenziell gut ab. In dem Nachhaltigkeitsranking von Sustainalytics beispielsweise erreichen die DAX30-Unternehmen in 2011 im Schnitt 70,5 von 100 möglichen Punkten. Bei vergleichbaren Unternehmen in den USA hingegen wurden durchschnittlich nur 55 Punkte, in Frankreich 68,7 Punkte und in Österreich 57 Punkte erreicht (vgl. Sustainalytics 2012, S. 4 ff.).

Literatur

BAG (2014): Marktbeobachtung Güterverkehr, Jahresbericht 2013, Köln.
Bundesregierung (2011): Nationale Nachhaltigkeitsstrategie – Fortschrittsbericht 2012, Berlin.
Burton, J. (2011): Unternehmensstrategie und Verantwortung, Berlin
ISO 26000 (2011): ISO 26000:2010 Leitfaden zur gesellschaftlichen Verantwortung, Berlin.
Loew, T. et al. (2004a): Bedeutung der CSR-Diskussion für Nachhaltigkeit und die Anforderungen an Unternehmen. Kurzfassung, Münster, Berlin.
Schunk, S. (2009): Unternehmensverantwortung und Kennzahlen. Bewertung und Darstellung von Corporate Citizenship-Maßnahmen, Marburg.
Stiftung Nachhaltigkeitspreis.de (2015): URL: http://www.nachhaltigkeitspreis.de/, Abrufdatum: 16.02.2015.
Sustainalytics (2012): Die Nachhaltigkeitsleistungen deutscher Großunternehmen. Ergebnisse des fünften vergleichenden Nachhaltigkeitsratings der DAX 30-Unternehmen 2011, Frankfurt am Main.
Rat für Nachhaltige Entwicklung (2012): Der Deutsche Nachhaltigkeitskodex. Empfehlungen des Rates für Nachhaltige Entwicklung und Dokumentation des Multistakeholderforums am 26.09.2011 in Frankfurt am Main, Bonn, Eschborn.
Rat für Nachhaltige Entwicklung (2015): Rat für Nachhaltige Entwicklung, URL: http://www.nachhaltigkeitsrat.de/de/der-rat/?size=1%C3%82%C2%A8blstr%3D0-1%20union%20select%200%2C1%2C2%2C3%2C4%2C5%2C6%2C7–, Abrufdatum: 16.02.2015.

Nachhaltigkeit in der Logistikbranche 4

Bei der Verbindung der beiden Themenbereiche Logistik und Nachhaltigkeit im Sinne einer nachhaltigen Logistik ergeben sich ähnliche Interpretationsprobleme wie bei der Definition von Nachhaltiger Entwicklung und CSR. Daher müssen zunächst auch hier die wesentlichen Begrifflichkeiten geklärt werden, bevor auf die Darstellung des aktuellen Standes der Nachhaltigkeit in der Logistikbranche eingegangen wird. Im Rahmen der Begriffsklärung wird auf die Abgrenzung der häufig synonym verwendeten Begriffe „Grüne Logistik" und „Nachhaltige Logistik" eingegangen.

4.1 Grüne Logistik vs. Nachhaltige Logistik

Zunächst muss konstatiert werden: Weder für Grüne Logistik noch für Nachhaltige Logistik existiert bisher eine einheitliche, allgemein akzeptierte Definition. Insbesondere in Praktikerbeiträgen wird eine Definition häufig enumerativ durch eine Aufzählung typischer Aufgaben oder Maßnahmen vorgenommen, welche dann einer Grünen bzw. Nachhaltigen Logistik zugeschrieben werden.

So verwundert es nicht, dass eine Bandbreite an Definitionsansätzen existiert, die dann das jeweilige Verständnis für Grüne bzw. Nachhaltige Logistik wiederspiegeln. Diese Bandbreite rangiert hier von rein ökonomisch motivierten Maßnahmen (z. B. Auslastungssteigerungen, Treibstoffverbrauchsreduzierungen) bis hin zur Befriedigung konkreter Kundenanforderungen (z. B. Einsatz eines bestimmten Verkehrsträgers, Ausweis von transportbezogenen CO_2-Emissionen). Für dieses Buchsoll folgendes Begriffsverständnis einer Grünen Logistik zugrunde gelegt werden: „Grüne Logistik umfasst alle Maßnahmen zur Auslastungsoptimierung, Bündelung und Tourenoptimierung, um so Verkehr und verkehrsbedingte Emissionen zu reduzieren. [Außerdem] umfasst [sie] zusätzlich weitere Maßnahmen zur Reduzierung verkehrsbedingter und stationärer Umweltbelastungen der Logistik [...]. Grüne Logistik bezeichnet die bewusste Gestaltung umweltfreundlicher Logistikprodukte, die für den Kunden im Vergleich zu klassischen Logistikprodukten einen umweltrelevanten Mehrwert bieten" (Lohre und Herschlein 2010, S. 4).

Grüne Logistik konzentriert sich also auf die Nachhaltigkeitssäule der Ökologie bzw. das Zusammenspiel zwischen der ökonomischen und der ökologischen Säule. Die meisten existierenden Ansätze in der Unternehmenspraxis lassen sich aktuell diesem Verständnis einer Grünen Logistik zuordnen. Umfassendere Nachhaltigkeitsansätze mit zusätzlicher Integration der sozialen Säule sind aktuell vereinzelt in der Entwicklung, allerdings stehen diese in der Logistikbranche noch am Anfang. Die Betonung der ökologischen Dimension kann auch damit begründet werden, dass der Verkehr einer der Hauptverursacher von Emissionen ist und insofern hier zunächst Handlungsbedarf durch die Unternehmen gesehen wurde. Hinzu kommt, dass durch die Umwelt natürliche Grenzen gesetzt werden, die per se nicht erweiterbar sind. Beispiele jenseits der endlichen fossilen Energieträger finden sich auch in der aktuellen Diskussion um die Verkehrsinfrastruktur, bei der es zunehmend schwieriger wird, Flächen zur Verfügung zu stellen. Auch auf der einzelwirtschaftlichen Ebene stellt es für Logistikunternehmen eine Herausforderung dar, Flächen für Logistikanlagen zu erhalten. Unternehmen müssen sich folglich in diesen Grenzen bewegen und ihr wirtschaftliches sowie soziales Handeln an diesen Grenzen ausrichten (vgl. Angrick 2010, S. 14), was die anfängliche Fokussierung auf die ökologische Säule zusätzlich begründen dürfte.

Allerdings ist festzustellen, dass soziale Aspekte zunehmend an Bedeutung gewinnen. Logistikdienstleister finden sich hier vermehrt in einer öffentlich ausgetragenen Diskussion um geringe Vergütung und schlechte Arbeitsbedingungen im Fahrpersonalbereich wie auch beim Lagerpersonal wieder. Die mediale Berichterstattung über Extremfälle hat zu einer negativen öffentlichen Exponiertheit der gesamten Logistikbranche geführt. Hinzu kommt die demographische Herausforderung, die eine erhöhte Aufmerksamkeit der personalbezogenen, sozialen Aspekte erfordert. Insofern dürfte ein ganzheitlicher, sämtliche Dimensionen umfassender Ansatz zukünftig deutlich an Bedeutung gewinnen, sodass eine Grüne Logistik sich tendenziell zu einer Nachhaltigen Logistik weiterentwickeln dürfte.

Aufgrund des geringeren Reife- und Erfahrungsgrades Nachhaltiger Logistik verwundert es nicht, dass sich bisher auch hier noch keine allgemein akzeptierte, einheitliche Definition etablieren konnte. Häufig werden Grüne Logistik und Nachhaltige Logistik zwar gleichgesetzt. Sachlich ist dies allerdings nicht nur unpräzise, sondern auch irreführend, da mit einer Grünen Logistik eine geringere Reichweite verbunden ist, und sie vornehmlich auf die durch die Logistik verursachten Umweltbelastungen fokussiert (vgl. Gregori und Wimmer 2011, S. 24). Eine Nachhaltige Logistik bezieht hingegen alle drei Säulen der Nachhaltigkeit ein.

4.2 Stand der Nachhaltigkeit in der Logistik

Die zu beobachtenden Aktivitäten zur Nachhaltigkeit in der Logistik gleichen derzeit einem Wildwuchs. Auch wenn Nachhaltigkeit ein zentrales Thema für die Logistikdienstleister ist, „[..] gibt es keine gemeinsame Stoßrichtung, der sich alle Marktteilnehmer anschließen. Vielmehr sind die Vorgehensweisen je nach Vorwissen, Hintergrund und Absicht sehr heterogen und die Mittel zur Zielerreichung unterschiedlich" (Nehm et. al. 2011, S. 10).

Betrachtet man die Unternehmen der Branche, so scheint ein gewisser Zusammenhang zwischen den nach außen getragenen Bemühungen zu einer Nachhaltigen Logistik und den bereits gemachten Erfahrungen im Bereich zertifizierter Managementsysteme zu bestehen. Hier dominieren Zertifizierungen nach den ISO-Normen der 9000er- (Qualitätsmanagement) und 14000er-Reihe (Umweltmanagement). Andere Standards wie das Eco Management and Audit Scheme (EMAS) sind in der Branche kaum verbreitet. Die Unternehmen, die in Sachen Nachhaltigkeit am aktivsten sind, haben meist bereits Erfahrung mit der Berichterstattung gegenüber sog. interessierten Kreisen und mit Zertifizierungen. Im Vergleich zu anderen Branchen finden sich jedoch in der Logistikbranche wenige Zertifikate, was u. a. an der Komplexität der Logistik liegen könnte (vgl. Logica Deutschland 2011, S. 5 f.).

In unterschiedlichen Branchen existieren unterschiedliche Ansatzpunkte, welche das Nachhaltigkeitsverständnis prägen und eine nachhaltigere Arbeitsweise ermöglichen. Für die Branche der Logistikdienstleister hat die Fraunhofer-Arbeitsgruppe SCS folgende dominierende Ansatzpunkte identifiziert: Implementierung einer Nachhaltigkeitsstrategie, Subunternehmereinbindung, CO_2-Bilanzierung, Zertifikate, Verknüpfung von Wirtschaft und Wissenschaft, Optimierung des Fuhrparks hinsichtlich des Ressourcenverbrauchs, Kombinierter Verkehr, umweltfreundliche Immobilien, Ressourcenschonung in den Bereichen Wasser und Abfall, Mitarbeiterzufriedenheit und Weiterbildung sowie Sponsoring im Bereich Bildung und humanitäre Logistik (vgl. Nehm et al. 2011, S. 21). Anhand der Analyse von Konzepten und umgesetzten Maßnahmen zu den genannten Themen wurden dann die Unternehmen in Vorreiter, Macher, Strategen und Beobachter eingeteilt.

Die **Vorreiter** haben Nachhaltigkeit in ihrer Unternehmensstrategie fest verankert. Verbesserungspotenziale werden gesucht und genutzt, wobei die umgesetzten

Maßnahmen über den Standard hinausgehen. Die **Strategen** haben eine ausgeprägte, auf Nachhaltigkeit ausgerichtete Unternehmenskultur. Die von ihnen umgesetzten Maßnahmen entsprechen jedoch dem Standard. Die **Macher** stellen die praktische Umsetzung von Nachhaltigkeit über die Implementierung einer Strategie. Dadurch finden sie oft innovative Lösungen fernab des Standards. **Beobachter** sind diejenigen Unternehmen, die sich schon mit Nachhaltigkeit beschäftigt haben und dabei sind, diese in ihre Strategie zu implementieren. Sie sind nicht mit denjenigen zu vergleichen, die sich noch gar nicht mit Nachhaltigkeit auseinander gesetzt haben (vgl. Nehm et. al. 2011, S. 29). Die letztgenannte Gruppe dürfte zahlenmäßig derzeit noch deutlich dominieren.

4.3 Motivation zur Nachhaltigkeit(sberichterstattung)

Es ist bereits vereinzelt deutlich geworden: Der Druck auf Unternehmen, sich unabhängig von der Branche mit dem Thema Nachhaltigkeit auseinanderzusetzen, hat in der Vergangenheit zugenommen. Dies gilt in besonderem Maße für die Unternehmen der Logistikbranche. So wird der Verkehr und insbesondere der Güterverkehr in der Gesellschaft in besonderem Maße für Umweltbelastungen verantwortlich gemacht. Der Beitrag der Logistikbranche zum Funktionieren der Wirtschaft und zur Befriedigung der Konsumbedürfnisse moderner Gesellschaften wird dem dabei selten gegenübergestellt. Insofern wird in der Gesellschaft meist auch übersehen, dass Güterverkehr einer sog. abgeleiteten Nachfrage folgt und stets einen anderen Wirtschaftsakt (Produktion an verschiedenen Orten, Kauf von Waren) als Auslöser benötigt. Hinzu kommen mediale Berichterstattungen über soziale Schieflagen in Beschäftigungsverhältnissen bei Logistikunternehmen, die, unabhängig von der Frage der Allgemeingültigkeit, das Bild in der Öffentlichkeit mit prägen. Diese negative öffentliche Exponiertheit trägt dazu bei, dass sich Logistikunternehmen mit dem Thema Nachhaltigkeit beschäftigen. Kurz gesagt: Der Druck zur Berücksichtigung der Nachhaltigkeit hat zugenommen.

Doch daneben können sich auch Chancen durch ein proaktives Beschäftigen mit der Thematik ergeben. Einzelne Auftraggeber von Logistikunternehmen fordern beispielsweise mittlerweile Nachweise über die CO_2-Emissionen der Transporte ihrer Waren. Hier besteht für Logistikdienstleister die Möglichkeit, sich vom Wettbewerb zu differenzieren. Allerdings ist nicht davon auszugehen, dass eine Nachhaltige Logistik am Markt in höhere Preise umgesetzt werden kann. Dies sind zumindest die Erfahrungen, welche diejenigen Logistikdienstleister, die sich bereits mit Grüner Logistik beschäftigen, dort gesammelt haben. Insofern ist davon auszugehen, dass sich die Kriterien einer Nachhaltigen Logistik eher zu einer Eintrittsbarriere entwickeln, als dass sie sich in einem höheren Preisniveau widerspiegeln.

4.3 Motivation zur Nachhaltigkeit(sberichterstattung)

Tab. 4.1 Nutzen Nachhaltigen Wirtschaftens für Unternehmen (in Anlehnung an VDI 2006, S. 4)

Nutzen/ Anspruchsgruppe	Ökonomie	Ökologie	Soziales
Kunden	Kundenbindung durch Erfüllung der Anforderungen	Umweltfreundliche Produkte	Kundenbindung durch gutes Image
Mitarbeiter	Qualifizierte, motivierte Mitarbeiter	Wenig Umweltbelastung am Arbeitsplatz	Bindung der Mitarbeiter durch Zufriedenheit und Arbeitsbedingungen
Lieferanten	Verlässlichkeit, gemeinsame Weiterentwicklung	Erfüllung der Umweltanforderungen seitens der Verlader	Liefer- und Arbeitsplatzsicherheit durch Lieferantenbindung
Teilhaber/Aktionäre	Attraktive Anlage	Attraktiv für umweltbewusste Anleger	Attraktiv für ethisch und sozial bewusste Anleger
Banken/ Versicherungen	Günstige Konditionen	Risikominimierung durch Vorsorge	Arbeitsplatzsicherheit durch weniger Risiko
Behörden	Kürzere Verfahren	Verringerte Auflagen	Gute Kommunikation und Koordination
Öffentlichkeit	Positives Image als Arbeitsplätze schaffendes und erhaltendes Unternehmen	Positives Image aufgrund des Umweltbewusstseins	Positives Image als Arbeitgeber und Nachbar

Anders ausgedrückt: Man wird bei Ausschreibungen nur noch berücksichtigt, wenn bestimmte Nachhaltigkeitskriterien erfüllt sind (vgl. Lohre und Herschlein 2010, S. 44 f.).

Insgesamt kann Nachhaltiges Wirtschaften für Logistikdienstleister viele Vorteile bieten. Die dazu relevanten Themen werden in Kap. 4 ausführlich erläutert. Die Tab. 4.1 zeigt zunächst einige mögliche Vorteile, die verschiedenen Anspruchsgruppen (= Stakeholder) und Nachhaltigkeitsdimensionen betreffend, auf.

Um den in der Tabelle dargestellten Nutzen aus dem eigenen Engagement ziehen zu können, muss das Unternehmen in der Regel zunächst in Vorleistung treten und in Maßnahmen investieren, die mehr Nachhaltigkeit im Unternehmen schaffen (vgl. Schunk 2009, S. 79). Insbesondere, da der Großteil der Verlader nicht dazu bereit ist, höhere Preise für nachhaltige Logistiklösungen zu zahlen, obwohl anerkannt wird, dass durch solche Lösungen Wettbewerbsvorteile entstehen können (Vgl. o. V. 2008, S. 33).

Das zentrale Instrument zur Kommunikation der Nachhaltigkeitsleistung eines Unternehmens ist hier der **Nachhaltigkeitsbericht**. Gleichzeitig ist die Erstellungsphase eines Nachhaltigkeitsberichtes auch Anreiz dafür, das Unternehmen in allen Abteilungen auf Nachhaltigkeit zu überprüfen und Verbesserungspotenziale zu finden. Die wesentlichen motivierenden Faktoren zum Verfassen eines Nachhaltigkeitsberichts sind Reputation und Reaktion auf Kritik, Schaffen von Vertrauen und Transparenz sowie Stärkung der Beziehung zu den Anspruchsgruppen, Differenzierung oder mit den Wettbewerbern mitzuhalten. Im Gegensatz dazu stehen Hemmnisse wie Kosten und Zeitaufwand. Allerdings gilt zu bedenken, dass eine wichtige Hürde zunächst intern zu nehmen ist. Denn die Kosten für das nachhaltige Engagement treten bereits kurzfristig auf und sind auch bezifferbar. Der Nutzen hingegen ergibt sich zu einem großen Teil erst langfristig und ist zudem nicht vollständig quantifizierbar (vgl. Loew 2004b, S.32).

Literatur

Angrick, M. (2010): Nachhaltigkeit in Zeiten des Ressourcenschutzes, in: Angrick, M. (Hrsg.) (2010): Nach uns, ohne Öl – Auf dem Weg zu nachhaltiger Produktion, Marburg, S. 11–22.

Gregori, G./Wimmer, T. (Hrsg.) (2011): Grünbuch der nachhaltigen Logistik, Wien.

Loew, T. et al. (2004b): Bedeutung der CSR-Diskussion für Nachhaltigkeit und die Anforderungen an Unternehmen. Endbericht, Münster, Berlin.

Logica Deutschland (2011): Excellence in Supply Chain Sustainability, o. O.

Lohre, D./Herschlein, S. (2010): Grüne Logistik – Studie zu Begriffsverständnis, Bedeutung und Verbreitung „Grüner Logistik" in der Speditions- und Logistikbranche, Bonn.

Nehm, A./Schwemmer, M./Kübler, A. (2011): Nachhaltigkeitsindex für Logistikdienstleister, Fraunhofer-Arbeitsgruppe für Supply Chain Services, Nürnberg.

o. V. (2008): Verlader wollen für „Grüne Logistik" nicht mehr zahlen, in: Logistik inside, 11/2008, S. 33.

Schunk, S. (2009): Unternehmensverantwortung und Kennzahlen. Bewertung und Darstellung von Corporate Citizenship-Maßnahmen, Marburg.

VDI (2006): VDI-4070 Nachhaltiges Wirtschaften in kleinen und mittelständischen Unternehmen – Anleitung zum Nachhaltigen Wirtschaften, Berlin.

Teil II
Der Schlüssel zur Nachhaltigkeit – Schlüsselthemen in der Logistik

Dieser Teil soll eine Übersicht über die aktuellen „Brennpunkte" in der Logistikbranche geben. Es ist notwendig, sich frühzeitig mit diesen Themen zu beschäftigen, um sich als Unternehmen entsprechende Reaktionsmöglichkeiten schaffen zu können. Das Ziel sollte es sein, mehr Nachhaltigkeit im Unternehmen zu realisieren und die Wettbewerbsfähigkeit dadurch zu erhöhen.

Hierzu werden fünf zentrale Herausforderungen der Logistik im Nachhaltigkeitskontext vorgestellt, die als Schlüssel zur Nachhaltigkeit gesehen werden können. Zunächst werden diese Herausforderungen beschrieben und in ihrer spezifischen Struktur dargestellt. Anschließend werden sie näher analysiert und in entsprechende Handlungsfelder überführt und dort zu ergreifende Maßnahmen abgeleitet.

Solche *Schlüsselthemen* der Logistik sind branchenspezifische Themen, die einen Logistikdienstleister dazu motivieren, sich mit Nachhaltigkeit auseinanderzusetzen – sie bilden quasi den Schlüssel zur Nachhaltigkeit. Diese Schlüsselthemen ergeben sich aus aktuellen Problemen und Herausforderungen, denen sich die Logistikbranche heute, aber auch zukünftig stellen muss.

Die folgende Abbildung zeigt die Struktur des Vorgehens in den jeweiligen Schlüsselthemen.

Struktur der Schlüsselthemen

Innerhalb eines Schlüsselthemas können verschiedene Handlungsfelder identifiziert werden. Diese beschäftigen sich jeweils im Detail mit einem Teilaspekt des Schlüsselthemas. Aus einem Handlungsfeld lassen sich im nächsten Schritt Maßnahmen ableiten, die ein Logistikdienstleister umsetzen kann, um Probleme des jeweiligen Schlüsselthemas zu beseitigen und auf die Herausforderungen einzugehen. Welche Maßnahmen konkret umgesetzt werden sollten, ist von der jeweiligen Unternehmenssituation abhängig: Neben der Relevanz eines bestimmten Themas spielen insbesondere der Entwicklungsgrad der Nachhaltigkeit beim Logistikdienstleister, aber auch die Unternehmensgröße und die Investitionskraft eine Rolle. Im letzten Schritt lassen sich aus den Maßnahmen quantitative und qualitative Kennzahlen ableiten, um den Erfolg der umgesetzten Maßnahmen messbar zu machen bzw. eine Basis für das Erkennen von Verbesserungspotenzialen zu schaffen.

Eine überschneidungsfreie Abgrenzung der einzelnen Schlüsselthemen ist aufgrund verschiedener Wirkungszusammenhänge nicht möglich. Daher können die Handlungsfelder eines Schlüsselthemas auch mehreren Säulen der Nachhaltigkeit zugeordnet werden. In der nachstehenden Abbildung sind solche Wirkungszusammenhänge exemplarisch veranschaulicht.

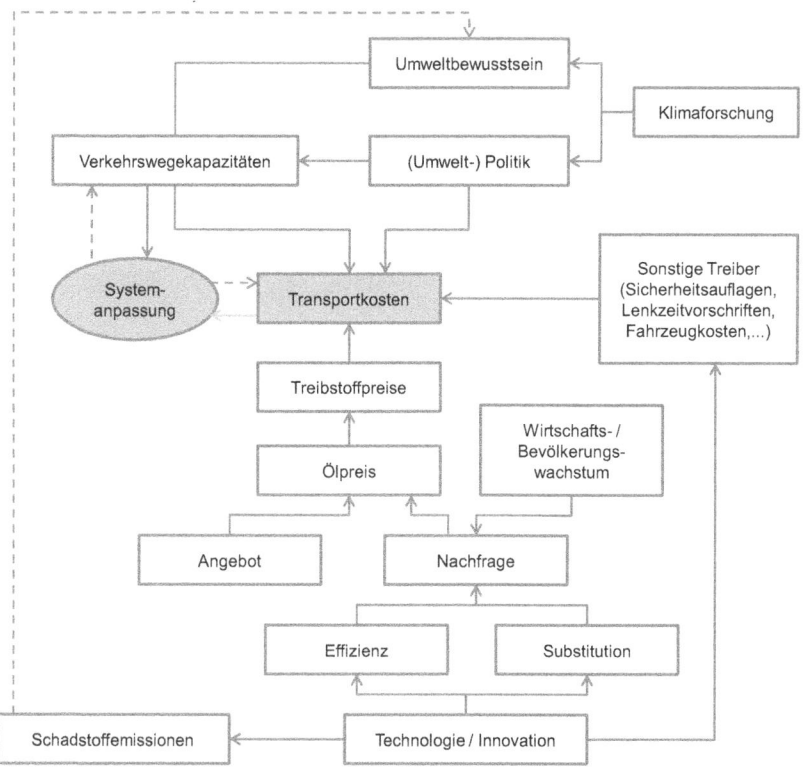

Wirkungszusammenhänge (Quelle: Bretzke und Barkawi 2010, S. 22)

Schlüsselthema 1 – Logistikdienstleister im Spannungsfeld zwischen steigenden Kundenanforderungen und Kostenentwicklung

5

Der Logistikmarkt zeichnet sich durch eine hohe Wettbewerbsintensität aus. Leistungen und Anbieter sind in bedeutenden Marktsegmenten leicht austauschbar, was zu einem preisdominierten Wettbewerb führt (vgl. Müller und Klaus 2009, S. 1). Die Globalisierung, die zwar einerseits einen weltweiten Aktionsradius und eine damit zusammenhängende Kundenakquise ermöglicht, verschärft andererseits den Preisdruck zusätzlich, da auch der Wettbewerb nicht mehr nur national, sondern international, in Teilen sogar weltweit stattfindet (vgl. Klaus et al. 2010, S. 19 f). Der Druck, der aktuell durch osteuropäische Transportunternehmen im Komplettladungsbereich auf westeuropäische Anbieter entsteht, kann hierfür als Beispiel dienen (vgl. Lohre et al. 2014, S. 14). Hinzu kommt, dass sich globale Aktionsradien insbesondere mittelständischen Unternehmen aufgrund verschiedener Barrieren häufig verschließen.

Die Kunden haben hohe Erwartungen an ihre Logistikdienstleister: Die Laufzeiten müssen möglichst kurz und die Servicequalität hoch sein. Das Erfordernis einer hohen Leistungsbereitschaft geht bei Dienstleistern meist mit hohen Leerkosten einher, da die erforderlichen Kapazitäten, welche zur Sicherstellung einer hohen Leistungsbereitschaft nötig sind, oft nicht ausgelastet sind. Zu niedrige Kapazitäten dagegen führen zu geringen Bereitschaftsgraden und damit geringer Zuverlässigkeit. Das Kapazitätsmanagement, welches sich damit regelmäßig zwischen Qualität und Kosten bewegt, stellt für die meisten Logistikdienstleister eine besondere Herausforderung dar.

Als Folge der Wirtschaftskrise stagnierten Umsätze oder gingen zurück. Demgegenüber stehen gestiegene Kosten, insbesondere Personal-, Maut- und Energie-

kosten, die allerdings nicht in vollem Umfang an Kunden weitergegeben werden können.
Besonders für mittelständische Unternehmen kann die aktuelle Situation zu Problemen führen. Daher ist es notwendig, Wege zu finden, die eine nachhaltige Ertragssicherung, beispielsweise durch Effizienzsteigerung und Kundenbindung, ermöglichen (vgl. Müller und Klaus 2009, S. 2).

5.1 Handlungsfeld 1: Effizienzsteigerung

Die Effizienz wird gemeinhin als das Verhältnis von Output zu Input ausgedrückt. Folglich lässt sich die Effizienz steigern, wenn sich dieses Verhältnis durch betriebliche Maßnahmen vergrößern lässt, also wenn der Output stärker steigt als der Input oder der Output geringer abnimmt als der Input. Unter dem Output eines Logistikdienstleisters kann die erbrachte Logistikleistung in quantitativer (Anzahl zugestellter Sendungen, Anzahl kommissionierter Aufträge, etc.) oder qualitativer (Fehler in der Kommissionierung, Beschädigungsquote, etc.) Hinsicht verstanden werden. Unter dem Input werden die erforderlichen Ressourcen (Mitarbeiter, Fahrzeuge, etc.), die letztlich allesamt in Kosten ausgedrückt werden können, verstanden.

Insbesondere in Branchen, die einem hohen Kostendruck und niedrigen Margen unterliegen, nimmt das Bestreben, die Effizienz permanent zu hinterfragen und zu verbessern, eine herausragende Bedeutung ein. Die Logistikbranche gilt traditionell als Branche mit niedrigen Margen. In 2011 lag die durchschnittliche EBIT-Marge bei 3,2 %. In einzelnen Marktsegmenten mit erhöhtem Kostendruck, wie beispielsweise dem landgebundenen Stückgutverkehr und dem landgebundenen Ladungsverkehr, lag sie unter 2 %.

In einer Marktsituation mit so geringen Renditen ist es nachvollziehbar, dass die Logistikunternehmen nach jeder Möglichkeit suchen, ihre Effizienz zu steigern. Im Folgenden sollen dazu zwei Ansatzpunkte exemplarisch dargestellt werden.

5.1.1 Auslastung optimieren und Leerfahrten vermeiden

Zur Auslastungsoptimierung und Leerfahrtenreduktion existieren verschiedene Ansätze. Die variablen Kosten eines Fahrzeuges haben, je nach Einsatzbereich, einen Anteil von bis zu 50 %. Variable Fahrzeugkosten entstehen, wenn das Fahrzeug bewegt wird und dabei Treibstoff verbraucht wird, Reifen verschlissen werden oder auch die Maut für die Autobahnstrecke anfällt. Im Nahbereich sind die variablen Anteile an den Gesamtkosten geringer als im Fernbereich, weil weniger Kilometer zurückgelegt werden. Im Nahbereich machen die Treibstoffkosten immerhin noch

5.1 Handlungsfeld 1: Effizienzsteigerung

Tab. 5.1 Verteilung der Last- bzw. Leerkilometer nach Einsatzbereichen im Jahr 2013 (Quelle: BAG 2014, S. 14.)

Einsatzbereich	Anteile	
	Last-km (%)	Leer-km (%)
Nahbereich	57,8	42,2
Regionalbereich	67,3	32,7
Fernbereich national	89,8	10,2
Durchschnitt	79,2	20,8

etwa 28 % der Gesamtkosten aus.[1] Diese Kosten entstehen unabhängig davon, ob eine Lastfahrt im Auftrag eines Kunden stattfindet oder ob eine Leerfahrt erfolgt. Im klassischen Ladungsverkehr entstehen regelmäßig Leerkilometer bei der Bereitstellung oder Rückführung von Fahrzeugen. Insofern besteht der Zwang, die Leerfahrtenanteile konsequent zu verringern, was allerdings je nach Einsatzgebiet unterschiedlich gelingen dürfte. Die Tab. 5.1 zeigt die unterschiedlichen Leerkilometeranteile in den einzelnen Einsatzbereichen Nah-, Regional- und Fernverkehr.

Um Leerkilometer zu vermeiden, ist eine optimierte Tourenplanung hilfreich. Verbreitet ist mittlerweile auch der Einsatz von **Telematik**. Die Telematik bietet einem Transportdienstleister viele Vorteile, da die angebotenen Lösungen sehr vielfältig sind. So können Fahrzeug- und Fahrerdaten aufgezeichnet werden, anhand derer der Kraftstoffverbrauch sowie Fahrverhalten analysiert und ausgewertet werden können. So kann dem Fahrer sein Einfluss auf den Treibstoffverbrauch verdeutlicht werden. Durch entsprechende Fahrerschulungen kann auf dieser Basis gezielt Hilfestellung für eine treibstoffsparende Fahrweise gegeben werden. Mit den Modulen Transport- und Auftragsmanagement können neue Aufträge direkt übermittelt werden und die Disposition kann mit dem Fahrer in Kontakt treten und ggf. die zu fahrende Route anpassen. Anhand der Auswertung der Fahrzeugdaten können mit der dazugehörigen Software ebenfalls die Touren optimiert werden (vgl. Nallinger 2012, S. 16). Die Erfahrung hat gezeigt, dass mit Hilfe von Telematik durch die Nutzung dynamischer Verkehrsinformationen die Tourenplanungen zuverlässiger werden und die Reaktionsfähigkeit, beispielsweise auf ungeplante Wartezeiten bei den Verladern, minimiert werden können (vgl. Schygulla und Eichhorn 2011, S. 128). Verwendet man Telematik in Kombination mit Fahrerschulungen zur kraftstoffsparenden Fahrweise, können sowohl Kraftstoffverbrauch als auch CO_2-Emissionen gesenkt werden (vgl. Wittenbrink 2011, S. 108).

---

[1] Vgl. zu den Zahlen die Kostenstrukturen, welche durch den BGL auf seiner Homepage abrufbar sind (www.bgl-ev.de); Abrufdatum 09.01.2015.

Ein in der Öffentlichkeit sehr stark diskutierter, aber auch kritisierter Ansatz zur Effizienzsteigerung des Straßengüterverkehrs ist der sog. **Lang-LKW**, dessen Einsatzfähigkeit und Verkehrstauglichkeit derzeit in einem Feldversuch getestet wird. Die Gesamtlänge eines solchen Fahrzeuges beträgt 25,25 m statt der bisher maximalen Länge von 18,75 m. Das zulässige Gesamtgewicht hingegen wird nicht erhöht und beträgt auch bei diesem Fahrzeug 40 Tonnen. Der Lang-LKW eignet sich damit besonders für den Transport voluminöser Güter in sog. Punkt-Punkt-Verkehren, nicht hingegen für Sammel- oder Verteilereinsätze. Sofern die Rahmenbedingungen erfüllt sind, lassen sich durch den Lang-LKW deutliche Effizienzvorteile erzielen. So lässt sich durch zwei Fahrten mit einem Lang-LKW eine Fahrt mit einem konventionellen LKW einsparen. Denn der Lang-LKW verfügt etwa über die 1,5-fache Volumenkapazität eines konventionellen LKW. Hieran wird das Zusammenwirken der ökonomischen wie der ökologischen Nachhaltigkeitssäule unmittelbar deutlich. Dennoch ist der Lang-LKW politisch stark umstritten, sodass der Feldversuch auch nicht flächendeckend innerhalb Deutschlands durchgeführt werden kann, sondern sich nur auf „teilnehmende" Bundesländer konzentriert.[2]

5.1.2 Synergieeffekte aus Kooperationen nutzen

Eine weitere Möglichkeit zur Effizienzsteigerung ist die Nutzung von Synergieeffekten aus gebildeten Kooperationen. Gerade für KMU mit geringer Marktmacht bieten sich Kooperationen an. Kooperationen stellen Gebilde dar, die sich durch eine vereinbarte Zusammenarbeit von wirtschaftlich und rechtlich selbstständigen Unternehmen auszeichnen, um so die Wettbewerbsfähigkeit insgesamt zu erhöhen. Solche Kooperationen lassen sich in horizontale und vertikale unterscheiden. Horizontale Kooperationen bestehen zwischen Unternehmen derselben Wertschöpfungsstufe, die teils auch die gleichen Leistungen am Markt absetzen. Ein typisches Beispiel für horizontale Kooperationen in der Logistik stellen die sog. Stückgutkooperationen dar. Sie sind Zusammenschlüsse aus mittelständischen Speditionsunternehmen, welche sich zu Kooperationen zusammengeschlossen haben, um gemeinsam ein bestimmtes Produkt (flächendeckender Stückguttransport) anzubieten (vgl. dazu Weddewer 2007, S. 117 ff.). Vertikale Kooperationen finden zwischen Unternehmen aus unterschiedlichen Wertschöpfungsstufen statt, also aus Sicht von Logistikdienstleistern beispielsweise mit den Kunden.

---

[2] Vgl. zum aktuellen Stand und den bisherigen Erfahrungen mit dem Lang-LKW BaSt (2014), o.S.

In diesen Kooperationen können Synergieeffekte durch standardisierten Daten- und Informationsaustausch via EDI oder Intranet sowie durch interorganisationale Gestaltung von Prozessen erzielt werden (vgl. Kolodziej et al. 2008, S. 202).

5.2 Handlungsfeld 2: Kundenzufriedenheit und Kundenbindung

Kundenbeziehungen lassen sich üblicherweise in die Phasen Kundengewinnung, Kundenbindung und, bei einer Abwanderung des Kunden, Kundenrückgewinnung unterteilen (vgl. Köhler 2007, S. 505 f.). Je nach Schwerpunkt des Tätigkeitsbereichs ist die Gewinnung von Neukunden ein schwieriges Unterfangen, das häufig auch mit hohen Kosten verbunden ist. Daher empfiehlt es sich, attraktive Bestandskunden an das Unternehmen zu binden. Die Kundenattraktivität hängt dabei von mehreren Faktoren ab und muss letztlich unternehmensindividuell beurteilt werden. In jedem Fall müssen dabei allerdings die kundenbezogenen Erlöse, die kundenbezogenen Kosten und das Kundenpotenzial beurteilt werden. Während die Erlöse meist recht einfach einem Kunden zugeordnet werden können, verhält es sich bei den Kosten anders. Diese liegen meist nur leistungsbezogen, aber nicht kundenbezogen vor. Auch die Abschätzung des Entwicklungspotenzials eines Kunden stellt eine große Herausforderung dar. Unabhängig von dem unternehmensindividuellen Verständnis eines attraktiven Kunden sollten als attraktiv eingestuften Kunden möglichst lange an das Unternehmen gebunden werden.

Eine hohe Kundenbindung korreliert in der Regel mit einer hohen Kundenzufriedenheit (vgl. Köhler 2007, S. 508). Zur Verfolgung des Ziels einer hohen Kundenbindung ist daher die Messung und daraus abgeleitete Verbesserung der Kundenzufriedenheit eine wichtige Voraussetzung. Die Ermittlung der Kundenzufriedenheit setzt zunächst einmal die Kenntnis über die Anforderungen und Erwartungen des Kunden voraus. Die Erwartungen des Kunden hängen letztlich auch von der Entwicklung des Leistungsangebotes im Markt und damit bei konkurrierenden Logistikdienstleistern ab. Insgesamt haben sich hier in der Vergangenheit bedeutende Veränderungen ergeben, die vor allem die Wettbewerbsintensität in der Branche erhöht haben. Stellt man die Logistikleistungen in den Mittelpunkt, lassen sich dabei Veränderungen in verschiedenen Dimensionen feststellen. So hat die geografische Ausdehnung der Logistikleistungen in der Vergangenheit, wie bereits oben angesprochen, deutlich zugenommen. Dies betrifft insbesondere netzbasierte Leistungen, wie Paket- oder Systemgutverkehre. Die Marktbedingungen und damit auch die Kundenanforderungen erwarten von den Netzen mehr und mehr ein internationales Engagement. Daneben fordert der Markt immer kürzere Laufzeiten

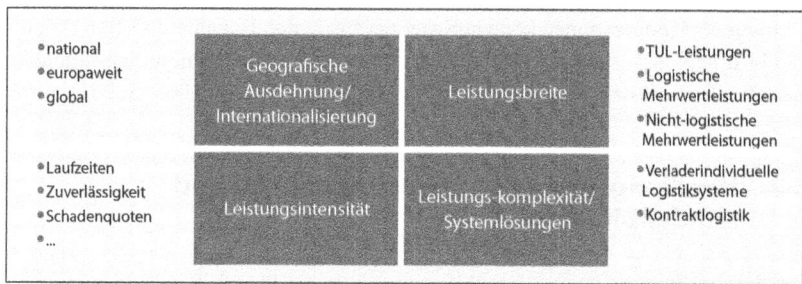

Abb. 5.1 Angebotsmerkmale in der Branche für logistische Dienstleistungen

und höhere Zuverlässigkeiten. Dies kann als Ausdruck der Leistungsintensität betrachtet werden, die in der Vergangenheit deutlich gestiegen ist. Die Bestrebungen der Kunden, die Komplexität an der Schnittstelle zum Beschaffungsmarkt Logistik zu reduzieren, haben Logistikanbieter hervorgebracht, die über ein breiteres Leistungsangebot verfügen. Neben den klassischen TUL-Leistungen werden auch Mehrwertleistungen angeboten. Die Kombination und Koordination dieser verschiedenen Leistungen, die nicht zwangsläufig durch den Logistikdienstleister alle selbst erbracht werden müssen, zu einem kundenindividuellen Logistikpaket steigert in der Regel auch die Komplexität der Leistungserstellung (vgl. Lohre 2007, S. 10). Diese Entwicklungen sind in Abb. 5.1 nochmals dargestellt.

5.3 Handlungsfeld 3: Lieferantenmanagement

Auch das Management der Lieferantenbeziehungen ist ein wichtiger Ansatzpunkt, um die wirtschaftliche Situation des Logistikunternehmens positiv zu beeinflussen. Lieferanten eines Logistikunternehmens sind einerseits solche, die übliche Verbrauchsmaterialien, wie Büromaterialien, Papier, etc., liefern. Vom Beschaffungsvolumen und der Bedeutung her häufig wichtigere Lieferanten sind diejenigen, welche Betriebsmittel liefern. Für das Logistikunternehmen sind das beispielsweise die Lieferanten bzw. Hersteller der eingesetzten Fahrzeuge oder von Lagerausstattungen.

Neben diesen Lieferanten spielt eine weitere Gruppe eine große Bedeutung für die Logistikunternehmen: die Transportunternehmen, die im Auftrag von Logistikunternehmen Transporte durchführen. Nach § 453 HGB haben Spediteure nämlich die ursprüngliche Aufgabe, Transporte im Auftrag Dritter zu organisieren. Diese Organisation bedeutet meist, andere, nämlich die Transportunternehmen, damit zu beauftragen, einen entsprechenden Transport durchzuführen. Den Spediteuren steht aber gemäß § 458 HGB ausdrücklich das Recht zu, diese Transporte auch mit eigenen Fahrzeugen und eigenem Fahrpersonal durchzuführen. In diesem Fall spricht man von Selbsteintritt. Die Selbsteintrittsquote, also der Anteil der mit eigenem Fuhrpark durchgeführten Transporte, variiert zwischen den Logistikunternehmen je nach Strategie und grundsätzlicher Ausrichtung. Insbesondere die global agierenden Logistikdienstleister haben in Deutschland sehr niedrige Selbsteintrittsquoten. Dies bedeutet zwangsläufig, dass ein Großteil ihrer am Markt veräußerten Leistungen zwar durch sie organisiert, aber nicht von ihnen selbst durchgeführt wird. Insofern spielen die hier eingesetzten Subunternehmer eine zentrale Rolle als Lieferanten für die Logistikunternehmen.

Bei diesen Lieferanten handelt es sich um Kleinstunternehmen. Insgesamt gibt es in Deutschland gut 50.000 Unternehmen, die im gewerblichen Straßengüterverkehr tätig sind. Etwa 28 % davon verfügen über lediglich ein Fahrzeug und bei etwa 83 % sind nicht mehr als 10 Fahrzeuge im Einsatz (vgl. BGL 2011, S. 5). Die betriebswirtschaftlichen Bedingungen führen dazu, dass in diesem Bereich eine deutlich über dem Gesamtdurchschnitt liegende Insolvenzquote zu beobachten ist (vgl. BAG 2014, S. 28). Denn mittlerweile haben sich die Einsatzbedingungen für die Transportunternehmen (Fahrermangel, steigende Kosten, oft fehlendes betriebswirtschaftliches Basiswissen) deutlich verschärft. Insofern müssen große Logistikunternehmen ohne eigenen Fuhrpark auch im eigenen Interesse verstärkt damit beginnen, Verantwortung für ihre Subunternehmer zu übernehmen und sie in verschiedenen Bereichen zu unterstützen.

Ein weiterer Aspekt, der immer wichtiger wird ist, dass die Lieferanten und Subunternehmer die gleichen ethischen Werte zu Grunde legen und nachhaltig handeln. Um Logistikdienstleistern die Lieferantenauswahl anhand nachhaltiger Kriterien zu erleichtern, hat beispielsweise der Bundesverband Materialwirtschaft, Einkauf und Logistik e. V. (BME) die sog. ‚Green Toolbox' erarbeitet. Diese besteht aus drei Teilen: Maßnahmencheck, Fragenkatalog und einer Dokumentensammlung zu Theorie und Best Practice (vgl. BME 2011, o.S.).

Literatur

BAG (2014): Marktbeobachtung Güterverkehr, Jahresbericht 2013, Köln.
BGL (2011): Verkehrswirtschaftliche Zahlen (VWZ) 2010/2011, Frankfurt.
BME (2011): BME Green Toolbox. Werkzeuge für nachhaltige Logistik, Frankfurt am Main.
Klaus, P./Hartmann, E./Kille, C. (2010): Die TOP 100 der Logistik. Marktgrößen, Marktsegmente und Marktführer in der Logistikdienstleistungswirtschaft, Hamburg.

Köhler, R. (2007): Kundenbeziehungen als Gegenstand des Controlling, in: Gouthier, M.H.J. et al. (Hrsg.): Service Excellence als Impulsgeber, Strategien – Management – Innovationen – Branchen, Wiesbaden, S. 504–510.

Kolodziej, M. et al. (2008): Gemeinsam statt einsam – Kooperationsmanagement als Erfolgsfaktor, in: Baumgarten, H. (Hrsg.) (2008): Das Beste der Logistik. Innovationen, Strategien, Umsetzungen, Berlin, S. 197–206.

Lohre, D. (2007): Herausforderungen des Controlling in Speditionen, in: Lohre, D. (Hrsg.) (2007): Praxis des Controllings in Speditionen, Frankfurt am Main, S, 3–19.

Lohre, D. et al. (2014): ZF-Zukunftsstudie Fernfahrer 2.0. Der Mensch im Transport- und Logistikmarkt, Friedrichshafen et al.

Müller, S./Klaus, P. (2009): Die Zukunft des Ladungsverkehrs in Europa. Ein Markt an der Schwelle zur Industrialisierung, Hamburg.

Nallinger, C. (2012): Auf dem Prüfstand, in: trans aktuell, vom 04.05.2012, S. 16.

Schygulla, M./Eichhorn, C. (2011): Verkehrsinformationen für dynamische Transporte: Mehr Leistung für die Logistik – Entlastung für Umwelt und Infrastruktur, in: Clausen, U. (Hrsg.) (2011): Wirtschaftsverkehr 2011. Modelle – Strategien – Nachhaltigkeit, Dortmund, S. 127–138.

Weddewer, M. (2007): Verrechnungspreissysteme für horizontale Speditionsnetzwerke Simulationsgestützte Gestaltung und Bewertung, Wiesbaden

Wittenbrink, P. (2011): Transportkostenmanagement im Straßengüterverkehr. Grundlagen, Optimierungspotenziale, Green Logistics, Wiesbaden.

Schlüsselthema 2 – Grüne Logistik als Antwort auf den Klimawandel und die zunehmende Ressourcenknappheit

6

Grüne Logistik ist kein Modethema, vielmehr soll Grüne Logistik ein langfristiges Umdenken in der Logistikbranche bewirken. Treiber ist hier einerseits das steigende Umweltbewusstsein in Politik und Gesellschaft. Andererseits resultieren aus der Verknappung natürlicher Ressourcen steigende Energie- und Rohstoffkosten (vgl. Straube et al. 2009, S. 242). Auch die Verladeranforderungen an eine ökologisch nachhaltige Produktion der Dienstleistungen spielen eine wichtige Rolle und bestimmen den Handlungsrahmen der Logistikdienstleister mit.

Die im Kyoto-Protokoll festgelegten internationalen Reduktionsziele sowie die nationalen, selbst auferlegten Reduktionsziele hat Deutschland bereits erfüllt, ja sogar übertroffen. Auch über das Kyoto-Protokoll hinaus setzt sich Deutschland weiterhin für den Klimaschutz ein. Dies wird auch in der aktuellen Koalitionsvereinbarung deutlich: Langfristig sollen die Emissionen bis 2050 um 80 bis 95 % gesenkt werden. Das nächste Ziel allerdings datiert auf 2020 und beinhaltet eine Reduzierung der Emissionen um 40 % im Vergleich zum Basisjahr 1990 (vgl. BMUB 2014, o. S.). Für die Logistikbranche, insbesondere den Straßengüterverkehr, der 2011 mit 83,3 % der beförderten Tonnage den größten Anteil am Verkehrsaufkommen hatte (vgl. BAG 2014, S. 4), hat dies eine verstärkte Forderung zur Folge, sich an der Erreichung der Reduktionsziele entsprechend zu beteiligen. Dies geschieht auch unter dem Gesichtspunkt einer drohenden Zunahme politischer Regulierung. Auch von Seiten der EU werden Reduktionsziele vorgegeben. So sollen bis 2050 in ganz Europa die durch den Verkehr verursachten Treibhausgasemissionen um 60 % im Vergleich zu 1990 gesenkt werden (vgl. BMUB 2014, S. 18).

Die Rohstoffverknappung und die damit verbundenen Preissteigerungen werden sich langfristig weiter verschärfen, da mit der steigenden Wirtschaftskraft der

BRIC-Staaten deren Nachfrage nach Rohstoffen wächst (vgl. Klaus et al. 2010, S. 22). Die Weltmarktpreise für Energierohstoffe und Rohöl unterliegen seit Jahren starken Schwankungen und sind nur sehr schwer vorhersehbar.

Daraus ergeben sich zwei Handlungsfelder: die CO_2-Bilanzierung sowie die Reduzierung von Emissionen und Einsparung von Ressourcen.

6.1 Handlungsfeld 1: CO_2-Bilanzierung

Treibhausgasemissionen – und dabei vor allen Dingen Kohlendioxid (CO_2) – haben sich als Messgröße für den Grad der Erreichung von Zielen zur Grünen Logistik etabliert, auch wenn mit dem sog. Carbon Footprinting nur ein Teil der gesamten Aspekte berücksichtigt wird. Dieser befasst sich im Kern mit der Reduzierung von Treibhausgasemissionen, die bei Logistikdienstleistern durch die Umsetzung der in Abschn. 5.2 beschriebenen Maßnahmen erreicht werden können.

Treibhausgase sind strahlungsbeeinflussende, gasförmige Stoffe, die zum Treibhauseffekt beitragen. Man unterscheidet beim Treibhauseffekt einen natürlichen und einen anthropogenen (vom Menschen verursachten) Ursprung. Die Treibhausgase absorbieren dabei teilweise die von der Erde reflektierte Sonneneinstrahlung, die sonst zurück ins Weltall entweichen würde. Der natürliche Treibhauseffekt ist wichtig, damit es überhaupt Leben auf der Erde gibt. Denn er hebt die Durchschnittstemperatur um 33 °C auf +15 °C an. Ohne diesen natürlichen Treibhauseffekt läge die Durchschnittstemperatur bei lediglich −18 °C. Der anthropogene Treibhauseffekt resultiert aus dem Eingreifen des Menschen in die Naturhaushalte. Er verstärkt den natürlichen Treibhauseffekt und führt zur globalen Erwärmung, die ihrerseits mit zahlreichen Folgen verbunden ist.

Die im Kyoto-Protokoll reglementierten Treibhausgase sind:

- Kohlendioxid (CO_2)
- Methan (CH_4)
- Distickstoffoxid (Lachgas, N_2O)
- Teilhalogenierte Fluorkohlenwasserstoffe (HFKW)
- Perfluorierte Kohlenwasserstoffe (PFKW)
- Schwefelhexafluorid (SF_6)

Dabei gilt CO_2 als das bedeutendste Treibhausgas und als Referenzwert, zu dem die Klimaauswirkung aller anderen Gase äquivalent ausgewiesen wird (CO_2-Äquivalent, CO_2e; vgl. IPCC 2007, S. 36 ff.). Unter Emissionen werden von einer Quelle ausgehende Belastungen der verschiedenen Umweltmedien (Atmosphäre

[Luft], Hydrosphäre [Gewässer] und Lithosphäre [Boden]) verstanden. Die Verschmutzungsquelle kann ein Unternehmen sein, welches Produkte oder Dienstleistungen produziert, wobei bei den Produktionsprozessen umweltbedeutsame Emissionen in unterschiedlichster Form entstehen können, wie in Form von Treibhausgasen, Stickstoffoxiden, Feinstaub, aber auch in Form von Lärm oder Strahlen (vgl. Bartling und Luzius 2008, S. 133).

Um Treibhausgasemissionen reduzieren zu können, ist es zunächst wichtig, die Treibhausgasemissionen zu erheben und zu messen, damit anhand eines daraus resultierenden Vergleichswertes der Erfolg der Reduzierungsmaßnahmen kontrolliert werden kann. Der Carbon Footprint weist die Gesamtmenge an Treibhausgasen (CO_2e) aus, die von einer Organisation oder einem Produkt/einer Dienstleistung verursacht werden (vgl. Gregori und Wimmer 2011, S. 216). Demnach kann der Begriff Carbon Footprinting als Bilanzierung von Treibhausgasemissionen verstanden werden. Zur Erstellung einer solchen Treibhausgasbilanz ist eine systematische Erfassung der jeweils relevanten Energieverbräuche nötig. Eine solche Bilanz kann sowohl für ein Unternehmen (Corporate Carbon Footprint [CCF]), als auch für ein Produkt (Product Carbon Footprint [PCF]) oder eine Transportdienstleistung (Transport Carbon Footprint [TCF]) erstellt werden.

Für jede dieser Bilanzen sind andere Anforderungen und Standards relevant. Die unterschiedlichen Ausprägungen der Carbon Footprints werden in Tab. 6.1 dargestellt.

Corporate Carbon Footprint (CCF)
Der CCF wird auf Basis des Greenhouse Gas Protocols (GHG) und der ISO 14064-1[1] erstellt. Das Greenhouse Gas Protocol wurde 1998 ins Leben gerufen, mit dem Ziel, einen international anerkannten Standard zur Berechnung und Berichterstattung von Treibhausgasen zu schaffen. Es wird zwischen drei verschiedenen Anwendungsbereichen unterschieden, den sog. ‚Scopes'. Nach diesen richtet sich die Berechnung und Berichterstattung der Emissionen, wobei Scope 3 der umfassendste Anwendungsbereich ist. Scope 1 beinhaltet alle Emissionen, die direkt von einem Unternehmen verursacht werden und deren Verursachung von dem Unternehmen gesteuert werden kann. Scope 2 beinhaltet die Emissionen, die indirekt, zum Beispiel durch den Verbrauch von zugekaufter Energie, entstehen. Scope 3 umfasst schließlich alle anderen Emissionen, die entlang der Wertschöpfungskette verursacht werden, wie beispielsweise Arbeitswege der Mitarbeiter (vgl. WIR/WBCSD 2011, S. 5).

---

[1] Bei der ISO-Norm 14064-1 handelt es sich um eine zertifizierbare Norm zur Messung, Berichterstattung und Verifizierung von Treibhausgasemissionen. Sie basiert auf dem GHG Protocol.

Tab. 6.1 Carbon Footprinting: Begriffe, Normen und aktuelle Standards (in Anlehnung an DSLV 2013, S. 20)

	Corporate Carbon Footprinting (CCF)	Product Carbon Footprinting (PCF)	Transport Carbon Footprinting (TCF)
Beschreibung	Erstellung von Treibhausgasbilanzen für Unternehmen	Erstellung von Treibhausgasbilanzen für Sachleistungen	Erstellung von Treibhausgasbilanzen für Transportdienstleistungen
Normen und Standards	ISO Norm 14064-1; Greenhouse-Gas-Protocol (GHG)	GHG; PAS 2060; ISO 14040 ff.	DIN Norm 16258:2013
Systemgrenzen	Aktivitäten des eigenen Unternehmens verpflichtend; Einbezug von Lieferanten freiwillig	Gesamte Wertschöpfungskette, unabhängig, ob eigene oder fremde Prozesse	Gesamte Transportkette, unabhängig, ob eigene Fahrzeuge oder Fahrzeuge von Transportunternehmern
Umweltkennzahlen	Alle Treibhausgase	Alle Treibhausgase	Alle Treibhausgase und Energieverbrauch
Indirekte Treibhausgasemissionen (Vorkette)	Bei selbst verbrauchtem Strom: ja, bei anderen Energieträgern freiwillig	Müssen berücksichtigt werden	Müssen berücksichtigt werden
Zulässige Methoden zur Verteilung der Emissionen auf einzelne Produkte und Dienstleistungen	Keine Vorgaben	Möglichst physische Größen (z. B. Gewicht), aber auch monetäre Größen zulässig	Nur physische Größen und dabei bevorzugt das Bruttosendungsgewicht; in begründeten Fällen sind auch prozessorientierte Verteilungsmethoden zulässig

Product Carbon Footprint (PCF)

Der PCF umfasst die Treibhausgasbilanz für eine Sachleistung. Im Fall der Logistikdienstleister bezieht er sich jedoch auf immaterielle Produkte, insbesondere die Transportleistung. Daher kann hier der TCF hinzugezogen werden. Wenn beispielsweise Zwischenfabrikate transportiert werden, können die für den TCF ermittelten Emissionen allerdings auch wieder Bestandteil des PCFs eines materiellen Produktes sein.

Transport Carbon Footprint (TCF)
Die Erstellung eines TCF ist grundsätzlich seit langem möglich, nur gab es bislang noch keine spezifischen Orientierungsrahmen oder gar Standards. Die Messung von Treibhausgasemissionen von Transporten wurde auf der Grundlage unterschiedlichster Verfahrensweisen und Annahmen vorgenommen, was mangelnde Transparenz zur Folge hatte und die Vergleichbarkeit der TCFs verschiedener Unternehmen erschwerte. Vor dem Hintergrund der zunehmenden Nachfrage nach belastbaren Aussagen über die vom Güterverkehr verursachten Treibhausgasemissionen, ist im März 2013 die neue DIN-Norm 16258:2013 veröffentlicht worden. Diese regelt im ersten Schritt ausschließlich die Bilanzierung der auf die reinen Transportprozesse bezogenen Treibhausgasemissionen. Administrative sowie stationäre Prozesse innerhalb der Transportkette (z. B. Umschlagsprozesse) werden dabei nicht berücksichtigt. Es kann jedoch davon ausgegangen werden, dass zukünftige Ausgaben der Norm weiter gefasste Systemgrenzen mit Berechnungsmethoden für Lager- und Umschlagsprozesse haben werden (vgl. DIN EN 16258 2013, S. 5).

Die damit begonnene Standardisierung der Vorgehensweise beim Carbon Footprinting von Transportdienstleistungen wird dem Thema Grüne Logistik in der Branche zusätzliche Dynamik verleihen. Die Anforderungen der Verlader an die Berichterstattung über die mit den Transportdienstleistungen verbundenen Treibhausgasemissionen werden weiter ansteigen. Die Erstellung von TCFs im engeren beziehungsweise Aktivitäten zur Grünen Logistik im weiteren Sinne können in einzelnen Marktsegmenten zukünftig eine Art Markteintrittsbarriere darstellen (vgl. Lohre und Gotthardt 2011, o. S.).

6.2 Handlungsfeld 2: Reduzierung von CO_2-Emissionen und Einsparung von Ressourcen

Der politische Druck auf die Wirtschaft, CO_2-Emissionen zu reduzieren, wächst. So plant die EU, die Treibhausgasemissionen bis 2050 im Vergleich zu 1990 um mindestens 80% zu reduzieren. Für den Verkehrssektor, sowohl Personen- als auch Güterverkehr, bedeutet dies eine Reduzierung um 60% (vgl. BMUB 2014, S. 18).

In diesem Abschnitt sollen mögliche Ansatzpunkte für eine Grüne Logistik herausgearbeitet werden. Als Orientierungsrahmen zur Einordnung verschiedener Maßnahmen dient Abb. 6.1, mit deren Hilfe sich die Maßnahmen strukturieren und betrieblichen Funktionsbereichen zuordnen lassen.

Zunächst sollen hier am Beispiel des Fuhrparks einige Maßnahmen, die für Verlader und Logistikdienstleister gleichermaßen gelten, betrachtet werden. Un-

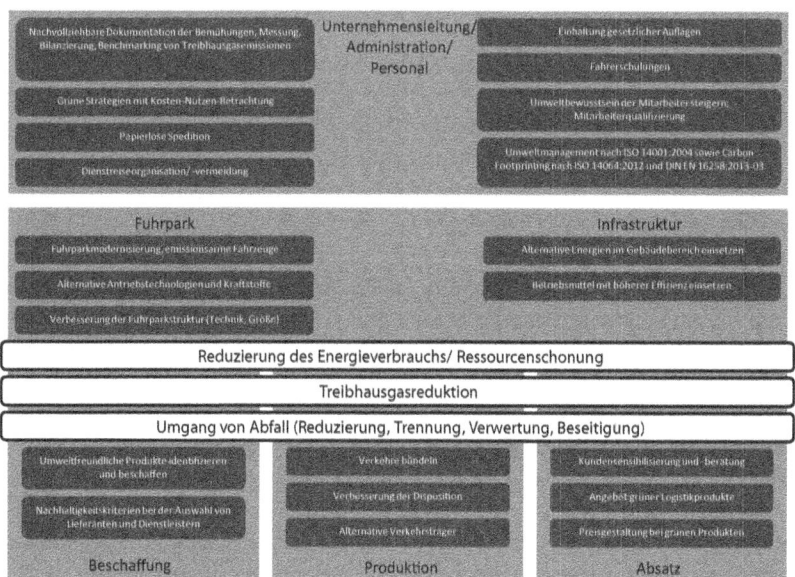

Abb. 6.1 Systematisierung der Ansatzpunkte für eine „Grüne Logistik" (in Anlehnung an Lohre und Herschlein 2010, S. 14)

abhängig von der institutionellen Verortung sind die Ansatzpunkte weitgehend die gleichen. Denn ein Fuhrpark kann sowohl bei einem Industrie- als auch bei einem Logistikunternehmen betrieben werden. Gleiches gilt für stationäre und administrative Prozesse.

Im Folgenden sollen ausgewählte Ansatzpunkte kurz beschrieben und deren Potenziale aufgezeigt werden (vgl. zum Folgenden etwa Gregori und Wimmer 2011, S. 123 ff.; IHK Stuttgart 2011, S. 9 ff.; Wittenbrink 2011, S. 176 ff.).

Das Potenzial, das mit der **Qualifizierung des Fahrpersonals** verbunden ist, wird allgemein als sehr hoch eingeschätzt. Um eine langfristige Änderung des Fahrverhaltens zu erreichen, sollten Fahrerschulungen nicht nur einmalig, sondern regelmäßig durchgeführt werden. Die konkreten Reduktionspotenziale unterliegen vielen Einflussgrößen, wie beispielsweise dem Status quo des Fahrpersonals bei Aufnahme der Schulungen, dem Einsatzbereich oder der Topographie. Eine Reduzierung des Verbrauchs um bis zu 5 % ist bei günstiger Konstellation möglich, sodass sich die Investitionen in die Qualifikation nach wenigen Monaten amortisieren können. In Kombination mit Telematik-gestützten Anreizsystemen zum kraftstoffsparenden Fahren können signifikante Kosten- und CO_2-Einsparungen

6.2 Handlungsfeld 2: Reduzierung von CO_2-Emissionen ...

im Fuhrpark umgesetzt werden. Neben diesen Effekten erhöhen sich die Betriebssicherheit der Fahrzeuge sowie die Motivation des Fahrpersonals.

Der Einsatz **mobiler und stationärer Reifendruckkontrollsysteme (RDKS)** reduziert den Rollwiderstand und damit den Treibstoffverbrauch. Bei mobilen Systemen werden die Reifen mit Luftdrucksensoren ausgerüstet, die ständig den aktuellen Reifendruck ins Fahrercockpit übermitteln. Das Kosten- und CO_2-Reduktionspotential dieser Maßnahme kann vor dem Hintergrund geringer Anschaffungsinvestitionen und einem sehr geringen Installationsaufwand leicht gehoben werden. Mit immobilen Reifendruckkontrollanlagen können darüber hinaus die Profiltiefe der Reifen überwacht und die Fahrzeuge gewogen werden. RDKS bewirken neben der Senkung der variablen Fahrzeugkosten auch eine Verringerung von Fahrzeugausfällen.

Beim **Einsatz von Autogastechnik** wird konventioneller Diesel bis zu einem Drittel durch, in der Beschaffung günstigeres, Flüssiggas ersetzt. Die Kosten für die Umrüstung der Fahrzeuge liegen durchschnittlich bei 6.000 € und amortisieren sich bei einer hohen Laufleistung (ab 10.000 km monatlich) der Fahrzeuge binnen Jahresfrist. Die Veränderungen am Motor können allerdings zum Verlust der Herstellerhaftung führen.

Elektrisch betriebene LKW fahren geräuschlos und nahezu ohne direkte CO_2-Emissionen[2] und eignen sich damit insbesondere für den Einsatz bei Sammel- und Verteilertouren in der Städtelogistik. Aufgrund der hohen Investitionen und einiger Einschränkungen im Arbeitsalltag (z. B. vordefinierte Nahverkehrstour; Unterwegs-Laden der Akkumulatoren, etc.) kann der Einsatz von E-LKW derzeit allerdings noch nicht uneingeschränkt erfolgen. Aktuell finden etwa in der Handelslogistik einige Pilotprojekte statt. Bei reiner Betrachtung der variablen Kosten liegt ein E-LKW schon deutlich unter den variablen Fahrzeugkosten eines mit konventionellem Dieselmotor angetriebenen Nahverkehrsfahrzeugs.

Oben genannte Maßnahmen stellen lediglich einen Auszug der grundsätzlichen Möglichkeiten zur Reduzierung des CO_2-Ausstoßes im Fuhrpark dar. Um kontinuierlich Kraftstoffe einsparen zu können, sollten mehrere Maßnahmen in Kombination konsequent umgesetzt werden. Davon sind weitere in der Tab. 6.2 aufgelistet. Es gilt allerdings zu beachten, dass die Einsparungspotenziale nicht ohne Weiteres addiert werden können. Einige Maßnahmen ergänzen sich, so beispielsweise die Fahrerschulungen in Kombination mit Telematik. Daher ergeben beide zusammen keine Einsparung von 10%. Insgesamt können Einsparungen beim Kraftstoffver-

---

[2] Die bei der Erzeugung des Stroms entstehenden Emissionen (indirekte, da nicht während der Fahrt entstehend) müssen allerdings bei einer umfassenden Betrachtung mit berücksichtigt werden.

Tab. 6.2 Übersicht über Kraftstoffverbrauch reduzierende Maßnahmen (Wittenbrink 2011, S. 116)

Maßnahme	Kosten	CO_2-Reduktion in %
Automatisierte Getriebe	3.000 €	3
Start-Stopp-Automatik für Verteilerfahrzeuge	200 €	5
Leichtlauföle	400 €/Jahr	2,5
Hybridfahrzeuge im Verteilerverkehr	30.000 €	15
Aerodynamikpaket für das Fahrzeug	3.500 €	5
Aerodynamikpaket für den Auflieger	5.000 €	5
Verzicht auf zusätzliche Dachscheinwerfer und Drucklufthörner	0 €	2
Leichtlaufreifen	500 €/Jahr	3
Super-Single Reifen	1.300 €/Jahr	3
Reifendrucküberwachungssystem	1.000 €	3
Fahrerschulungen	500 €/Jahr	5
Telematik	2.000 € + 50 €/Monat	3
Reduzierung der Höchstgeschwindigkeit	0 €	1 bis 3
Reduzierung des Fahrzeuggewichts	Keine Angabe	1 bis 3
Überprüfung der Nebenkomponenten	Keine Angabe	

6.2 Handlungsfeld 2: Reduzierung von CO_2-Emissionen ...

	Treibhausgase (CO₂e)	Stickstoffoxide	Feinstaub
Emissionen der Verkehrsträger in Gramm pro Tonnenkilometer (g/tkm)			
Lkw*	97.5	0.49	0.0079
Eisenbahn	23.4	0.07	0.0012
Binnenschiff	33.4	0.55	0.0171
Flugzeug	1.539,6**	3.46	0.0412

Treibhausgase beinhalten hier: Kohlendioxid, Methan und Distickstoffoxid (CO₂, CH₄ und N₂O)
* Lkw ab 3,5 t (inkl. Sattel- und Lastzüge)
** unter Berücksichtigung aller klimawirksamen Effekte des Flugverkehrs

Abb. 6.2 Emissionen der Verkehrsträger in Gramm pro Tonnenkilometer (Quelle: UBA 2012, S. 14)

brauch zwischen 10 und 15 % bei günstiger Ausgangslage erreicht werden (vgl. Wittenbrink 2011, S. 117).

Des Weiteren kommt unternehmensübergreifenden Maßnahmen eine besondere Bedeutung zu. Hohes ökologisches Potential haben auch die politisch nicht unumstrittenen **Lang-LKW** mit einer Fahrzeuglänge von 25,25 m. Durch die Ausweitung der Länge erhöht sich das Ladevolumen um 50 %. Bei Vorliegen bestimmter Rahmenbedingungen, wie etwa Punkt-Punkt-Verkehre mit hohem Autobahnanteil, könnte die Zahl eingesetzter Fahrzeuge dadurch reduziert werden kann.

Darüber hinaus kann die **Verlagerung** von Straßengüterverkehren auf die Schiene oder das Binnenschiff zu CO_2-Ersparnissen führen (siehe Abb. 6.2).

Verkehrsträger emittieren pro Tonnenkilometer (als Maßeinheit für den Verkehrsaufwand) unterschiedlich viel an Treibhausgasen, Stickstoffoxiden und Feinstaub. Ursachen dafür sind unterschiedliche Antriebs- und Kraftstoffarten sowie die Auslastung der jeweiligen Verkehrsträger. Wichtig ist bei einem verkehrsträgerübergreifenden Vergleich, dass die Emissionen zur Erzeugung der Energieträger (Strom, Kerosin, Benzin, Diesel) berücksichtigt sind. Diese werden auch als indirekte Emissionen bzw. als Vorkette oder als Well-to-Tank-Emissionen bezeichnet.

Es muss allerdings berücksichtigt werden, dass eine Verlagerung auf andere Verkehrsträger die Kernanforderungen des Auftraggebers nicht verletzen darf (z. B. Berechenbarkeit oder Laufzeit eines Transportes) oder aber der Auftraggeber mit einer entsprechenden Veränderung der Leistungsmerkmale einverstanden sein muss. Voraussetzung dafür ist zudem die Möglichkeit einer Sendungsbündelung zu größeren Transportlosen, die dann über längere Distanzen transportiert werden.

Neben der Verkehrsverlagerung auf alternative Verkehrsträger, lassen sich für logistische Dienstleister weitere, eher organisatorisch orientierte Maßnahmen zur Grünen Logistik anführen (Gregori und Wimmer 2011, S. 127 ff.). So trägt beispielsweise der Einsatz von **Telematiksystemen** zur effizienten Transportsteuerung bei. Diese Lösungen bieten den Disponenten unterstützende Planungsinstrumente, die Informationen zu Routen, aktuellen Verkehrsdaten, eingesetzten Fahrzeugen oder Kundenanforderungen (beispielsweise Be- und Entladezeitfenster) integrieren können. So können Reisezeiten, zurückgelegte Wegstrecken und damit Kosten und Treibhausgasemissionen gleichermaßen reduziert werden.

Die Bündelung von Transporten wird weiter an Bedeutung gewinnen, da Personal-, Maut- und Kraftstoffkosten sowie Schadstoffemissionen eingespart und die Auslastung der Fahrzeuge gesteigert werden können. Dazu kommt eine geringere Belastung der Infrastruktur. Ein Konzept hierzu ist das sog. ‚Load Leveling'. Dabei werden die zu transportierenden Güter nach dem FIFO-Prinzip gesammelt und erst dann transportiert, wenn ein LKW voll beladen werden kann. Die so entstehende Glättung der Auslastung auf hohem Niveau wird allerdings mit variablen Lieferzeiten erkauft. Die damit verbundene Unsicherheit muss der Empfänger mit Sicherheitsbeständen kompensieren. Dieses Prinzip eignet sich insbesondere für weniger wertvolle Güter. Alternativ können durch eine Verzahnung von Bestellpolitik und Tourenplanung mehr Waren als aktuell benötigt transportiert werden, die dann als Puffer bis zur nächsten Lieferung dienen. Dafür ist allerdings eine enge Zusammenarbeit zwischen Kunden und Logistikdienstleistern unbedingt nötig (vgl. Bretzke 2010, S. 80 ff.).

Ein Konzept, das zu einer höheren Fahrzeugauslastung und weniger Güterverkehr in Innenstädten führt, ist die **City-Logistik**. Hierbei wird an einem zentralen Ort vor den Toren der Stadt ein Güterverkehrszentrum (GVZ) errichtet, das für alle Logistikdienstleister als Anlaufpunkt dient. Im GVZ werden die eingehenden Güter sortiert und auf kleinere, umweltfreundliche Fahrzeuge umgeladen und von diesen in der Innenstadt zugestellt. Dabei werden gleichzeitig die ausgehenden Güter eingesammelt und schließlich im GVZ wieder auf die Logistikdienstleister verteilt. In den 1990er-Jahren erfreute sich die City-Logistik großer Aufmerksamkeit aus Politik und Forschung. Allein in Nordrhein-Westfalen wurden 20 Modellprojekte durchgeführt. Allerdings waren diese Projekte nicht mit dem erwarteten Erfolg verbunden und wurden nicht weiterverfolgt (vgl. Fleischmann 2008, S. 17). Mit zunehmendem Verkehrsaufkommen und dringender Notwendigkeit zur Einsparung von Ressourcen wird das Thema City-Logistik wieder relevant werden.

Diese Maßnahmen betreffen die Unternehmensbereiche Beschaffung, Produktion und Vertrieb logistischer Dienstleistungen und tragen zu den in Abb. 5.1 dargestellten Umweltzielen Ressourcenschonung beziehungsweise Energieverbrauch, umweltgerechte Abfallverwertung und damit schließlich zur Treibhausgasreduzierung bei.

Neben den bereits vorgestellten technischen und organisatorischen Ansatzpunkten zur CO_2-Reduzierung, ergeben sich auch im Bereich der Mitarbeiter eine Vielzahl möglicher Maßnahmen. Da auch der **Berufsverkehr** eine gewisse

Umweltbelastung induziert und insbesondere in Ballungsgebieten für Staus und Wartezeiten sorgt, kann ein Unternehmen durch spezifische Angebote für die **Mitarbeiter** dazu beitragen, diese Belastungen zu reduzieren. Die Deutsche Lufthansa AG hat für ihre mehr als 40.000 Mitarbeiter an den Standorten Frankfurt und Hamburg ein Konzept entwickelt, das ihnen umweltfreundliche und kostengünstige Alternativen zur Benutzung des Autos auf dem täglichen Arbeitsweg bietet. Einige dieser Maßnahmen werden auch an anderen Standorten angeboten. Zum einen werden von Lufthansa bezuschusste Fahrkarten für den öffentlichen Nahverkehr angeboten, die sog. ‚Job-Tickets'. Um den Mitarbeitern die Organisation von Fahrgemeinschaften zu erleichtern und dazu zu motivieren, wurde das Car-Sharing-System ‚CarPool' entwickelt. Darüber hinaus werden für Fahrgemeinschaften günstige Parkplätze auf dem Werksgelände vorgehalten. Auch für Fahrradfahrer und Elektroautos gibt es entsprechende Stellplätze. Konzernweit wird im Intranet eine elektronische Mobilitätsberatung angeboten, die Fahrpläne, Verkehrsinformationen und ein schwarzes Brett für Fahrgemeinschaften bereitstellt (vgl. MiMoNa 2012b, o. S.).

6.2.1 Einsparung von und verantwortlicher Umgang mit Ressourcen[3]

Neben der Einsparung von Kraftstoffen durch Effizienzsteigerung oder Verkehrsreduzierung sind der Wasserverbrauch und der effiziente Energieeinsatz in Bürogebäuden und Lagerhallen zwei weitere wesentliche Aspekte, die bei einer umweltfreundlichen und nachhaltigen Unternehmensführung berücksichtigt werden müssen. Einen dritten Aspekt stellt die Vermeidung von Abfall bzw. die Nutzung von Recyclingmaterial dar.

Wasser ist ein kostbares Gut und für das tägliche Leben und Überleben essentiell. In vielen Teilen der Welt, insbesondere in Entwicklungsländern, herrscht Wasserknappheit, die viele humanitäre und wirtschaftliche Probleme verursacht. Aufgrund der stetig wachsenden Weltbevölkerung wird davon ausgegangen, dass im Jahr 2025 bis zu zwei Drittel der Menschheit in Regionen leben, die unter Wassermangel leiden. Daher ist es besonders wichtig, Wasser nicht zu verschwenden und effizient zu nutzen (vgl. UN Global Compact 2008, S. 9). Für Logistikdienstleister bieten sich verschiedene Ansatzpunkte, den Wasserverbrauch zu reduzieren. Beispielsweise kann Regenwasser aufgefangen und für die LKW-Waschanlage ge-

---

[3] Eine umfangreiche Übersicht mit praktischen Maßnahmen findet sich in Gregori und Wimmer 2011, S. 156 ff.

nutzt werden. So lässt sich viel Wasser sparen, was nicht nur der Umwelt gut tut, sondern auch Kosten reduziert.

Für Logistikdienstleister ist die Hauptenergiequelle der Kraftstoff für die Fahrzeuge. Darüber hinaus wird **Energie** für Bürogebäude und Lager- und Umschlagshallen benötigt. Angesichts steigender Energiepreise besteht hier ebenfalls eine zusätzliche Motivation, den Energieverbrauch zu senken und die Energieeffizienz zu erhöhen. Hierzu gibt es grundsätzlich zwei Ansatzpunkte. Zum einen (bau-)technische Lösungen, wie beispielsweise Solar- oder Photovoltaikanlagen auf den Dächern von Lagergebäuden, verbesserte Gebäudedämmung, Energiesparlampen und viele mehr. Zum anderen können einfache organisatorische Regelungen dazu führen, den Energieverbrauch zu reduzieren (vgl. Engelfried 2004, S. 64). Die Bandbreite reicht hier von investitionsintensiven bis hin zu kostenlosen Maßnahmen.

Ein Beispiel für umweltfreundliche Logistikimmobilien findet sich bei der Barth Logistikgruppe aus Burladingen. Als die Gruppe 2008 ihr neues Pharma-Logistikzentrum baute, entschied sie sich für ein sog. „Green Building" – also „ein Gebäude, bei dem im Vergleich zu herkömmlichen Gebäuden die Ressourceneffizienz in den Bereichen Energie, Wasser und Materialeinsatz erhöht ist, wobei gleichzeitig die schädlichen Auswirkungen auf Umwelt und Gesundheit reduziert werden" (Bomhard 2013, S. 6). 4,5 Mio. € investierte Barth in diese Lösung: Das Gebäude auf einem 12.400 m^2 großen Grundstück und mit einer Nutzfläche von 4500 m^2 wird durch Grundwasserentnahme und eine Wärmepumpe beheizt bzw. gekühlt. 12 km Wasserrohre im Fußboden bringen die Wärme bzw. Kühle in das Gebäude. 800 auf dem Dach installierte Solarmodule sorgen für den notwendigen Strom des gesamten Logistikzentrums. Die Bauweise dieses Gebäudes ermöglicht signifikante Energieeinsparungen gegenüber konventionellen Gebäudetypen. Der jährliche Strombedarf für die Heizung und Kühlung liegt bei ca. 98.071 kWh. Die Photovoltaik-Anlage produziert jährlich ca. 160.200 kWh. Daraus ergab sich eine positive Energiebilanz von ca. 62.000 kWh im Jahr 2011. Durch das umgesetzte Energiekonzept resultieren aus der Primärenergieeinsparung jährlich ca. 198 t CO_2 (158 t CO_2 im Vergleich zu konventioneller Kühlung und Heizung und der Rest aus der eben genannten Energiebilanz; vgl. Barth 2012, o. S.).

Abfall und Recycling sind weitere Ansatzpunkte zur Schonung der Ressourcen. Die Hauptabfallquelle eines Logistikdienstleisters liegt im Verpackungsbereich. Hier ist es wichtig, den Müll nach Pappe, Papier, Plastik und Abfall zur Verwertung zu trennen, damit er recycelt werden kann. Als zusätzlichen Anreiz bietet es sich an, je nach Aufkommen, das Altpapier zu verkaufen. Generell sollte darauf geachtet werden, einen möglichst hohen Anteil an recycelbaren Materialien zu ver-

6.2 Handlungsfeld 2: Reduzierung von CO_2-Emissionen ...

wenden und auf nicht erneuerbare Materialien weitestgehend zu verzichten. Weitere Quellen von Abfällen, die auch eine Gefahr für das Grundwasser darstellen, sind Öle und Schmierstoffe des Fuhrparks, die auf dem Speditionshof auslaufen können. Hier müssen entsprechende Auffangbecken installiert werden.

Die Sensibilisierung der Mitarbeiter für den Umweltschutz ist eine kostengünstige und wirkungsvolle Möglichkeit, um Umweltbelastungen jeglicher Art zu reduzieren. Denn die Mitarbeiter wickeln täglich die Geschäftsprozesse ab, kennen deren Schwächen und können sie mit ihrem Verhalten beeinflussen. Somit sind sie es letztlich, die über Erfolg oder Misserfolg vieler Umweltschutzmaßnahmen im Unternehmen entscheiden. Beispielsweise können Schulungen zu spezifischen Umweltthemen mit Bezug zum Arbeitsplatz durchgeführt werden. Beispiele für teils trivial erscheinende, aber dennoch hilfreiche Maßnahmen in diesem Kontext sind:

- Schilder aufstellen, die darauf hinweisen, das Licht auszuschalten
- Wasser nicht unnötig laufen lassen
- nur Dokumente ausdrucken, die unbedingt benötigt werden bzw. bei E-Mails (wenn überhaupt) nur die erste Seite ausdrucken

Insgesamt hat der reduzierte Material- und Ressourcenverbrauch nicht nur positive Auswirkungen auf einzelne Umweltaspekte, wie beispielsweise Wasser-, Papier- oder Stromverbrauch, sondern auch auf die Kosten. Ein Beispiel, wie weitere Anreize für umweltbewusstes Verhalten der Mitarbeiter gegeben werden können, ist die Deutsche Bahn AG, zu der auch der Logistikdienstleister Schenker gehört. Das Umweltbewusstsein und dementsprechendes Handeln der Mitarbeiter wird durch Schulungen und regelmäßige Informationen im Intranet gefördert. Hierzu gibt es eigens ein Umweltzentrum, das konzernweit für die Erstellung und Umsetzung der Umwelt- und Nachhaltigkeitsziele der DB verantwortlich ist (vgl. MiMoNa 2012c, o. S.). Um das Engagement der Mitarbeiter zu würdigen, wurde der BahnAward ins Leben gerufen. Dieser wird an besonders umweltbewusste Mitarbeiter verliehen. Durch diese Auszeichnung wird nicht nur die Leistung anerkannt, sondern ebenso die Identifikation mit dem Arbeitgeber und das Firmenimage gestärkt (vgl. MiMoNa 2012a, o. S.).

Literatur

BAG (2014): Marktbeobachtung Güterverkehr, Jahresbericht 2013, Köln.
Barth, H. (2012): Umweltfreundliche Logistik „Green Building", Vortrag auf dem Transport-Logistikgipfel 2012 am 18.04.2012, Ludwigsburg.

Bartling, H./Luzius, F. (2008): Grundzüge der Volkswirtschaftslehre. Einführung in die Wirtschaftstheorie und Wirtschaftspolitik, 16. Aufl., München.
BMUB (2014): Kurzinfo Klimaschutz, URL: http://www.bmub.bund.de/themen/klimaenergie/klimaschutz/kurzinfo/, Abrufdatum: 15.02.2015, Berlin.
Bretzke, W.R. (2010): Logistische Netzwerke, 2. wesentl. bearb. u. erw. Aufl., Berlin.
DIN EN 16258 (2013): Methode zur Berechnung und Deklaration des Energieverbrauchs und der Treibhausgasemissionen bei Transportdienstleistungen (Güter- und Personenverkehr); DIN EN 16258, Berlin.
DSLV (2013): Berechnung von Treibhausgasemissionen in Spedition und Logistik gemäß DIN EN 16258. Begriffe, Methoden, Beispiele, 2. Aufl., Bonn.
Engelfried, J. (2004): Nachhaltiges Umweltmanagement, München
Fleischmann, B. (2008): Systeme der Transportlogistik, in: Arnold, D. et al. (Hrsg.) (2008): Handbuch Logistik, 3. Aufl., Berlin, S. 12–18.
Gregori, G./Wimmer, T. (Hrsg.) (2011): Grünbuch der nachhaltigen Logistik, Wien.
IHK Stuttgart (2011): Grüne Logistik, Ein Gewinn für Verlader und Logistikdienstleister, Praxisleitfaden, Stuttgart.
IPCC (2007): Climate Change 2007. Synthesis Report, an Assessment of the Intergovernmental Panel on Climate Change, Valencia.
Klaus, P./Hartmann, E./Kille, C. (2010): Die TOP 100 der Logistik. Marktgrößen, Marktsegmente und Marktführer in der Logistikdienstleistungswirtschaft, Hamburg.
Lohre, D./Gotthardt, R. (2011): NCF-Artikel in DVZ Nr. BGRL vom 24.05.2011
Lohre, D./Herschlein, S. (2010): Grüne Logistik – Studie zu Begriffsverständnis, Bedeutung und Verbreitung „Grüner Logistik" in der Speditions- und Logistikbranche, Bonn.
MiMoNa (2012a): Bahn Award, URL: http://www.mimona.de/default.asp?ShowMassnahme=759, Abrufdatum: 16.02.2015.
MiMoNa (2012b): Mobilität/umweltverträgliche Wege zur Arbeit, URL: http://www.mimona.de/default.asp?ShowMassnahme=31, Abrufdatum: 16.02.2015.
MiMoNa (2012c): Umweltbewusstsein bei den Mitarbeitern der Deutschen Bahn AG, URL: http://www.mimona.de/default.asp?ShowMassnahme=875, Abrufdatum: 16.02.2015.
Straube, F./Doch, S./Nagel, A. (2009): Kundenorientierung und Nachhaltigkeit als Treiber der Logistik, in: Wimmer, T./Wöhner, H. (Hrsg.) (2009): 26. Deutscher Logistik-Kongress, Hamburg, S. 233–267.
UBA (2012): Daten zum Verkehr, Ausgabe 2012, Dessau.
UN Global Compact (2008): Food Sustainability – A Guide To Private Sector Action, New York.
Wittenbrink, P. (2011): Transportkostenmanagement im Straßengüterverkehr. Grundlagen, Optimierungspotenziale, Green Logistics, Wiesbaden.
WRI/WBCSD (2011): Corporate Value Chain (Scope 3) Accounting and Reporting Standard. Supplement to the GHG Protocol Corporate, Washington, Genf.

Schlüsselthema 3 – Die Auswirkungen des demographischen Wandels auf die Logistik

7

In Deutschland arbeiten etwa 2,8 Mio. Menschen in der Logistik. Die Nachfrage nach qualifizierten Arbeitskräften auf allen Ebenen, von Berufskraftfahrern bis hin zu Akademikern, steigt stetig. Allerdings nimmt das Angebot an Arbeitskräften aus verschiedenen Gründen ab (vgl. BMVI 2015, o S.).

Durch den demographischen Wandel wird sich dieses Problem wohl weiter verschärfen. So haben in einer Befragung von 129 Unternehmen beispielsweise 75 % schon heute Probleme geäußert, geeignete Mitarbeiter zu finden. Als Konsequenz erwarten 73 % der Befragten „in den nächsten zehn Jahren negative Auswirkungen auf ihren Erfolg" (Kümmerlen und Semmann 2011, S. 15).

Auch für die Zukunft der Logistik spielt der demographische Wandel eine wichtige Rolle. Dabei ist auch das Ungleichgewicht in der Welt zu beachten: Während die für die weltweite Bevölkerung bis 2050 ein Wachstum um etwa ein Drittel auf 9,5 Mrd. Menschen erwartet wird, geht man davon aus, dass die Einwohnerzahl in Deutschland bis dahin sinken und deutlich kleiner sein wird als im Jahr 1950. Die Zahl der Erwerbsfähigen wird dabei (von 2010 bis 2060) voraussichtlich um ein Drittel abnehmen. Der Wettbewerb um qualifizierte Arbeitskräfte wird vor diesem Hintergrund weiter zunehmen (vgl. Lohre et al. 2012, S. 22 f.).

Allerdings ist der demographische Wandel nicht die einzige Ursache für den Personalmangel in der Logistik. Aufgrund der negativen Wahrnehmung der Branche in der Gesellschaft (siehe Schlüsselthema 4, Kap. 8), gilt sie nicht als besonders attraktive Arbeitgeberbranche. Ein weiteres Problem ist der Wettbewerb innerhalb der Branche, das gegenseitige Abwerben von vorhandenen qualifizierten Arbeitskräften (vgl. BAG 2011, S. 5).

Die Herausforderungen, denen sich die Branche stellen muss, sind also der Fach- und Führungskräftemangel, der Fahrermangel sowie die Mitarbeiterbindung.

7.1 Handlungsfeld 1: Fahrermangel

Für Logistikunternehmen mit eigenem Fuhrpark wird es zunehmend schwieriger, geeignetes Fahrpersonal zu finden und dauerhaft zu binden. Zwar existiert nach den offiziellen Zahlen der Bundesagentur für Arbeit kein wirklicher Mangel, denn auf eine gemeldete Stelle kamen im Juli 2014 etwa zwei als arbeitslos gemeldete Berufskraftfahrer. Die Erfahrungen von in einer Studie befragten Experten widersprechen diesen Zahlen allerdings deutlich. Bezieht man nämlich Faktoren, wie die Bereitschaft, dauerhaft als Berufskraftfahrer tätig zu sein, die Zuverlässigkeit und die Motivation mit ein, so könne sehr wohl von einem Mangel gesprochen werden. Deshalb berichtete das BAG bereits in 2007 von einem qualitativen Fahrermangel. Fahrer, welche sowohl bereit sind, die Bedingungen des Berufes dauerhaft zu akzeptieren als auch die erforderlichen Eigenschaften mitbringen, sind in Deutschland nicht ausreichend vorhanden (vgl. Lohre et al. 2014, S. 27).

Die Problematik verschärft sich weiter. Aktuell arbeiten in Deutschland gut 530.000 Kraftfahrer, wovon 25% älter als 55 Jahre sind. Dem stehen nur 3% gegenüber, die jünger als 25 Jahre sind und nur 13% sind jünger als 35 Jahre. Ein durchschnittlicher Fahrer ist 47 Jahre alt. Da Fahrer im Durchschnitt mit knapp 60 Jahren in den Ruhestand gehen, werden in den nächsten fünf Jahren etwa 25% aus dem Beruf ausscheiden. Dies sind jährlich etwa 27.000 Fahrer. Es rücken allerdings viel zu wenig Fahrer nach. Pro Jahr kommen über die dreijährige duale Ausbildung maximal 3000 ausgebildete Kraftfahrer hinzu und über den zahlenmäßig dominierenden Weg der beschleunigten Grundqualifikation noch einmal 12.000, sofern man sehr optimistische Grundannahmen trifft. Damit vergrößert sich die Lücke jährlich um rund 12.000 Fahrer, sodass in fünf Jahren, sofern sich an den Umfeldbedingungen nichts ändern sollte, 11% weniger Fahrer als heute zur Verfügung stehen (vgl. zu den Zahlen Lohre et al. 2014, S. 27 ff.).

Die Gründe für den zahlenmäßig geringen Fahrernachwuchs sind vielschichtig. Zum einen sind die Arbeitsbedingungen zu nennen. Für eine vergleichsweise geringe Vergütung müssen viele Stunden geleistet werden. Verschärft wird dies noch durch die sog. Bereitschaftszeiten, welche nach § 21a ArbZG offiziell nicht als Arbeitszeit gewertet werden und daher den Rahmen über die nach Arbeitszeitgesetz maximal erlaubten durchschnittlichen 208 h pro Monat ausdehnen. Hinzu kommt auch das vergleichsweise schlechte Image des Berufskraftfahrers und die je nach Einsatzbereich langen Unterwegszeiten, welche einen regelmäßigen Kontakt mit dem eigenen sozialen Umfeld, der Familie oder Freunden, deutlich erschweren (vgl. zu den Bedingungen des Kraftfahrerberufes Lohre et al. 2014 und Lohre et al. 2012).

Neben dem demographischen Wandel und den schwierigen Arbeitsbedingungen bereiten die seit 2009 verschärften Qualifikationsanforderungen an das Fahrpersonal durch das Berufskraftfahrerqualifikationsgesetz (BKrFQG) den Unternehmen Probleme. Seit 2009 reicht der Führerschein zur Aufnahme der Tätigkeit als Berufskraftfahrer nicht mehr aus. Es muss vielmehr eine grundlegende Qualifikation nachgewiesen werden. Dies ist einerseits über eine „klassische" duale Erstausbildung zum Berufskraftfahrer möglich. Eine solche Ausbildung dauert drei Jahre. Seit jeher sind die Ausbildungszahlen in diesem Lehrberuf gering. So waren es 2014 über alle drei Lehrjahre etwa 7000 Auszubildende. Hier muss konstatiert werden, dass die Branche insgesamt zu wenig Ausbildungsengagement zeigt, auch wenn sich dies aus den Unternehmensstrukturen und anderen Hemmnissen begründen lässt. Andererseits kann die Grundqualifikation auch ohne eine Erstausbildung erlangt werden. Dabei besteht die Möglichkeit, zwischen der regulären Grundqualifikation sowie einer beschleunigten Grundqualifikation zu wählen. Nahezu alle angehenden Berufskraftfahrer entscheiden sich für die beschleunigte Grundqualifikation, in welcher man im Umfang von 140 h theoretischen Unterrichts und einer bestandenen theoretischen Prüfung die Berechtigung erlangen kann, als Berufskraftfahrer tätig zu werden (vgl. Lohre et al. 2014, S. 19 ff.).

Hinzu kommt, dass die Fahrer alle fünf Jahre eine Qualifizierung im Umfang von 35 h absolvieren müssen. Hier ist zu erwarten, dass aufgrund der sich verschärfenden Fahrpersonalsituation die damit in Zusammenhang stehenden Kosten durch die Unternehmen vermehrt getragen werden müssen. Die Kostenbelastung der Transportunternehmen erhöht sich damit weiter.

7.2 Handlungsfeld 2: Fach- und Führungskräftemangel

Auch Fach- und Führungskräfte werden in der Logistikbranche gesucht. Eine Umfrage ergab, dass 62 % der befragten Logistikunternehmen ein Personaldefizit bei Führungskräften auf der mittleren Ebene sehen. Auf der höheren Ebene sehen immerhin auch 42 % ein Defizit (vgl. DVZ 2012, S. 5). Auch für diese Mitarbeiter wird ein Problem in einer im Vergleich zu anderen Branchen geringeren Attraktivität gesehen. Dabei wird meist neben einem schlechten Image auch auf die Unterschiede bei den branchenüblichen Vergütungsniveaus im Vergleich zu Industrie und Handel hingewiesen (vgl. DVZ 2012, S. 7).

Um dieses Problem zu lösen, können verschiedene Ansatzpunkte in Betracht gezogen werden. Zum einen sollte aktiv zur Beseitigung von Transparenzdefiziten bezüglich der verschiedenen Berufsbilder und Karrieremöglichkeiten in der Logistik beigetragen werden. Vielen potenziellen Nachwuchskräften fehlt schlicht das Wissen um die Aufgaben und die Vielfältigkeit der Logistik als Tätigkeitsfeld. Ebenfalls sollten Informationen zu den Studiengängen der Logistik durch entsprechende Verbände bereitgestellt werden, um dem wachsenden Bedarf an Akademikern in der Logistik gerecht werden zu können. Die Schüler und Studenten sollten direkt an der Quelle, also in der Schule oder an der Hochschule informiert werden. Messeauftritte und Berufsinformationstage sind hierfür geeignete Maßnahmen. Ebenso können Praktika und Abschlussarbeiten durch Unternehmen angeboten werden. Auch das Angebot von Weiterbildungsmöglichkeiten ist von immer größerer Bedeutung, um den potentiellen Mitarbeitern einen Anreiz zu bieten, sich für ein bestimmtes Unternehmen zu entscheiden (vgl. Jahns und Darkow 2008, S. 85 f.).

7.3 Handlungsfeld 3: Mitarbeiterbindung

Die Arbeit nimmt einen Großteil des Alltags eines Menschen ein. Daher ist es wichtig, dass sich der Mensch an seinem Arbeitsplatz wohlfühlt. Ein Mitarbeiter, der sich in seinem Arbeitsumfeld wohlfühlt, gerecht bezahlt wird und sozial abgesichert ist, ist produktiver, als jemand, der sich nicht wohlfühlt (vgl. ILO 2007 S. 4). Zudem können Fehlzeiten durch Krankheit oder fehlende Motivation das Unternehmen viel Geld kosten (vgl. Rühl 2011, S. 129).

Im Bereich der Mitarbeiterbindung gibt es viele Aspekte, die zu beachten sind, um das Unternehmen als Arbeitgeber attraktiv zu machen. Zum einen die Work-Life-Balance: Diese kann u. a. durch flexible Arbeitszeitmodelle oder für den kaufmännischen Bereich auch durch die Möglichkeit der Heimarbeit erreicht werden. Ein weiterer Punkt ist die Förderung von Vielfalt, auch als Diversity bekannt. Hier geht es darum, Personen mit Migrationshintergrund, Frauen, Jugendliche und ältere Mitarbeiter in den Arbeitsalltag zu integrieren, ohne jemanden zu diskriminieren. Weitere Maßnahmen sind neben Weiterbildung auch die Gesundheitsförderung. Hier können neben Gesundheitstagen auch Kleinigkeiten, wie beispielsweise das Bereitstellen von frischem Obst oder kostenlosen Getränken, zum Wohl der Mitarbeiter beitragen (vgl. Mortsiefer 2012, S. 39). Weitere Möglichkeiten im Bereich Gesundheit sind Schulungen zum Thema ‚Heben und Tragen' oder auch ‚Ernährung bei Schichtarbeit' (vgl. Logistik-Initiative Hamburg 2011, S. 62 f.).

Ein Beispiel für die Förderung von Vielfalt ist die Deutsche Bahn AG. Als internationales Unternehmen mit mehr als 7000 ausländischen Mitarbeitern in Deutschland sind kulturelle Vielfalt und ein offenes Miteinander zum Alltag geworden. Um dies auch insbesondere den jungen Auszubildenden zu vermitteln, gibt es seit 2000 das Projekt ‚Bahn-Azubis gegen Hass und Gewalt'. Hierbei sollen sich die Auszubildenden mit den Themen Rassismus und Gewalt auseinandersetzen und in einem Wettbewerb kreative Lösungen finden, um Toleranz, Zivilcourage und Respekt zu fördern (vgl. DB 2012, o. S.).

Literatur

BAG (2011): Marktbeobachtung Güterverkehr. Auswertung der Arbeitsbedingungen in Güterverkehr und Logistik 2011-I, Köln.
BMVI (2015): Ausbildung in Güterverkehr und Logistik, URL: http://www.bmvi.de// SharedDocs/DE/Artikel/UI/hallo-zukunft.html, Abrufdatum: 16.02.2015.
DB (2012): Gemeinsam für ein tolerantes und respektvolles Miteinander, URL: http://www. deutschebahn.com/de/nachhaltigkeit/verantwortung_gesellschaft/engagement/azubis_ gegen_hass_und_gewalt/Hintergrund_des_Wewettbewerbs.html, Abrufdatum: 16.02.2015.
DVZ (2012): Dossier Personalmanagement.
ILO (2007): Die ILO auf einen Blick, Genf.
Jahns, C./ Darkow, I. (2008): Die besten Köpfe für die Logistik gewinnen, in: Baumgarten, H. (Hrsg.) (2008): Das Beste der Logistik. Innovationen, Strategien, Umsetzungen, Berlin, S. 81–87.
Kümmerlen, R./Semmann, C. (2011): Trends. 10 Kernaussagen vom Kongress, in: LOG. Kompass, 11/2011, S. 14–15.
Logistik-Initiative Hamburg (2011): Demografieorientiertes Personalmanagment, Logistik-Initiative Hamburg e. V., Hamburg.
Lohre, D. et al. (2012): ZF-Zukunftsstudie Fernfahrer. Der Mensch im Transport- und Logistikmarkt, Friedrichshafen et al.
Lohre, D. et al. (2014): ZF-Zukunftsstudie Fernfahrer 2.0. Der Mensch im Transport- und Logistikmarkt, Friedrichshafen et al.
Mortsiefer, S. (2012): Personalmanagement und demografischer Wandel in der Logistikbranche, in: Wolf-Kluthausen, H. (Hrsg.) (2012): Jahrbuch Logistik 2012, Korschenbroich, S. 38–42.
Rühl, M. (2011): Den Stakeholder-Dialog unterstützen – Assessments und Berichte beim nachhaltigen Personalmanagement, in: DGFP (Hrsg.) (2011): Personalmanagement nachhaltig gestalten, DGFP, Bielefeld, S. 109–132.

Schlüsselthema 4 – Das Ansehen der Logistik in der Öffentlichkeit

8

Der Güterverkehr wird in der Gesellschaft oft als einer der Hauptverursacher von Lärmbelastungen, Umweltverschmutzung, Staus und Unfällen sowie Flächenverbrauch durch Straßenbau verantwortlich gemacht. Demgegenüber steht ein ungebrochen hoher Anspruch der Gesellschaft an die Logistik, sämtliche konsuminduzierte Anforderungen zu erfüllen. Der Zusammenhang zwischen eigenen Konsumgewohnheiten und Auswirkungen auf die transportlogistischen Prozesse wird dabei selten hergestellt. Insofern ist die Akzeptanz für Güterverkehr in der Gesellschaft gering. In den Augen der Öffentlichkeit „ist Mobilität gut, aber Verkehr böse" (Eisenkopf 2012, S. 17).

Die Sensibilisierung der Gesellschaft hingegen für Fragen der Nachhaltigkeit nimmt stetig zu, insbesondere in den Bereichen Umwelt und Soziales, und setzt somit die Unternehmen der Logistikbranche indirekt unter Druck, aktiv zu werden (vgl. Straube et al. 2009, S. 234). Eine Ursache für die zunehmende Sensibilisierung ist die weltweit durch Medien und Internet geschaffene Transparenz, durch welche „Unternehmen mit ihrem Verhalten exponiert sind" (Schäfer et al. 2004, S. 131).

Hier gilt es, neben Umwelt- und Ressourcenschutz (Schlüsselthema 2) und Ausbildung (Schlüsselthema 3), Transparenz seitens des Unternehmens zu schaffen, professionelle Presse- und Öffentlichkeitsarbeit zu leisten und sich in der Gesellschaft zu engagieren.

8.1 Handlungsfeld 1: Presse- und Öffentlichkeitsarbeit

Internetpräsenz und Dialog mit Anspruchsgruppen Das Internet eröffnet im Gegensatz zur klassischen Kundenzeitschrift weitergehende Möglichkeiten der Kunden- aber auch andere Anspruchsgruppenkommunikation. Denn das Internet ermöglicht es einem Unternehmen, seine relevanten Anspruchsgruppen nicht nur zu informieren, sondern auch, mit ihnen in Kontakt zu treten. Obwohl die Internetpräsenz sich für Unternehmen längst als ein wichtiger Kommunikationskanal etabliert hat, gelingt es insbesondere kleineren Logistikunternehmen häufig nicht, ständig für einen aktuellen Auftritt zu sorgen. So sind gerade die Webseiten von kleineren Logistikdienstleistern häufig inhaltlich veraltet und entsprechen nicht dem aktuellen Stand der Technik. Die Erstinformation seitens der Anspruchsgruppen allerdings erfolgt nicht selten über dieses Medium, weshalb es wichtig ist, einen angemessenen Webauftritt vorzuhalten.

Weiterhin besteht die Möglichkeit, Kunden und andere Anspruchsgruppen über Newsletter per E-Mail informiert zu halten.

Nutzung von Social Media Zu einem bedeutenden Bestandteil der internetbasierten Zielgruppenkommunikation haben sich die sog. Sozialen Medien (Social Media) entwickelt, weshalb sich auch Logistikunternehmen mit ihnen auseinandersetzen sollten. Dabei bieten die sozialen Netzwerke insbesondere im Bereich der Mitarbeiter- und Nachwuchsgewinnung viele Vorteile, da Plattformen wie Xing oder Facebook den Kommunikationsgewohnheiten dieser Zielgruppen häufig in hohem Maße entsprechen. Bisher werden diese aber noch zu wenig genutzt. Eine Studie zur Bedeutung von Social Media in der Transport- und Logistikbranche kommt zu dem Ergebnis, dass 70 % der Befragten die Nutzung von Social Media mindestens für wichtig halten und 62 % hier bei den Logistikunternehmen einen Handlungsbedarf sehen. Trotz der als hoch eingestuften Bedeutung geben knapp 30 % an, in diesem Bereich noch nicht aktiv zu sein. Der am häufigsten genutzte Social Media-Kommunikationskanal ist laut dieser Studie Xing, für den 52 % der Befragten angegeben haben, ihn zu nutzen (vgl. Simmet 2014, o. S.).

Die drei größten Unterschiede zwischen herkömmlichem Marketing und der Nutzung von Social Media sind Art, Geschwindigkeit und Planungssicherheit. Während in der Vergangenheit klassische Marketingmaßnahmen über einen längeren Zeitraum geplant wurden, und somit auch ohne großen Zeitdruck auf rechtliche Aspekte überprüft werden konnten, finden Maßnahmen auf sozialen Plattformen in Echtzeit statt. Neben den vielen schon genannten Vorteilen erhöht das gleichzeitig die Fehleranfälligkeit, da nicht immer Zeit bleibt, Inhalte sorgfältig zu überprüfen. Entsprechende Kommunikationsstrategien müssen hierfür entwickelt werden. In

8.1 Handlungsfeld 1: Presse- und Öffentlichkeitsarbeit 61

jedem Fall ist es bedeutsam, sich einen Überblick über mögliche Stolperfallen zu verschaffen (vgl. Schwenke 2012, S. 4 ff.).

Die gängigsten Gefahren lauern bei den Social-Media-Diensten in folgenden Bereichen: Nutzungsbedingungen (Ist eine kommerzielle Nutzung erlaubt? Findet eine Rechteübertragung an den Netzwerkbetreiber statt?), Name (Ist der Benutzername des Kontos rechtskonform?), Impressum (Ist dies vorhanden und vollständig?), Meinungen und Tatsachen (Werden nur nachweislich wahre Inhalte veröffentlicht?), Nutzung fremder Inhalte (Wird das Urheberrecht berücksichtigt?) und Links (Wird ausschließlich zu legalen Plattformen und Seiten verlinkt?) (vgl. Schwenke 2012, S. 11 f.).

Unterstützung und Durchführung von Kampagnen zur Verbesserung des Ansehens in der Öffentlichkeit In diesem Zusammenhang sollte auch das Bewusstsein der Endverbraucher, also der Gesellschaft, über ihr eigenes Verhalten und dessen Auswirkungen sensibilisiert werden. Schließlich müssen, wenn man das Frachtaufkommen auf alle 82 Mio. Bundesbürger umschlägt, 47,8 t Fracht pro Jahr für jeden einzelnen transportiert werden (vgl. Klaus 2008, S. 335). Dass die Nutzung des Fahrrads oder von öffentlichen Verkehrsmitteln umweltfreundlicher ist als die Nutzung des PKWs, ist der Gesellschaft bewusst und immer häufiger spielt dies eine Rolle bei der Verkehrsmittelwahl. Dass allerdings das eigene Konsumverhalten Prozesse in der logistischen Abwicklung induziert, die ebenfalls die Umwelt beeinflussen, ist vielen nicht bewusst. Dabei dominieren die durch den Konsum verursachten Emissionen den durchschnittlichen jährlichen Carbon Footprint eines Bürgers in Deutschland mit 2,75 t CO_2-Äquivalent. Die beiden anderen Hauptursachen sind Wohnen und Verkehr (vgl. Angerick 2010, S. 27). Somit bietet das Konsumverhalten in der Gesellschaft einen guten Ansatzpunkt, um die Bedeutung der Logistik hervorzuheben.

Um die Sensibilisierung der Gesellschaft für die Bedeutung der Logistik zu erhöhen, und somit eine höhere Wertschätzung zu erzielen, können Logistikdienstleister sich entweder an Kampagnen der Branchenverbände beteiligen oder eigene ins Leben rufen. Diese Kampagnen dienen dazu, den Bürgern die Aufgaben der Logistik und die Tätigkeit des Unternehmens näher zu bringen. Eine gute Möglichkeit hierzu bietet der von der Bundesvereinigung Logistik (BVL) organisierte ‚Tag der Logistik', der seit einigen Jahren im April stattfindet. An diesem Tag findet bundesweit in vielen Industrie-, Handels- und Logistikunternehmen ein Tag der Offenen Tür statt – für Kunden, Schüler und Studenten, Anwohner und weitere Interessierte. Dies bietet eine gute Plattform, um sich der Außenwelt zu präsentieren und das Bewusstsein der Bevölkerung für die Bandbreite der Logistik zu stärken (vgl. BVL 2012, o. S.).

8.2 Handlungsfeld 2: Gesellschaftliches Engagement

Durch die sich verändernde Rolle der Unternehmen im Sinne des bereits dargestellten Corporate Citizenship steigen auch die Erwartungen an die Unternehmen, als Teil der Gesellschaft Verantwortung zu übernehmen. Hierzu gibt es zahlreiche Möglichkeiten, von finanzieller Unterstützung für bestimmte gesellschaftliche Gruppen über Sachspenden bis hin zu aktivem Engagement und Beteiligung an Kooperationen. Wichtig ist, dass das Unternehmen die zu der eigenen Situation und den eigenen Werten passenden Möglichkeiten auswählt und auch entsprechende Projekte unterstützt. Bei einer Befragung der 120 größten deutschen Unternehmen bezüglich ihres sozialen Engagements fanden sich die fünf am häufigsten unterstützten Projekte in folgenden Bereichen: Kinder und Jugendliche, Bildung, Menschen mit Behinderungen, Umwelt und Sport (vgl. Herzig 2004, S. 15).

Die häufigsten Formen des Engagements sind dabei Unternehmensspenden, Sozialsponsoring, Unternehmensstiftungen und auch das unten dargestellte gemeinnützige Arbeitnehmerengagement (Corporate Volunteering). Bei den Unternehmensspenden handelt es sich um klassische Sach- oder Geldspenden. Beim Sozialsponsoring bietet ein Unternehmen gemeinnützigen Einrichtungen besonders günstige Konditionen zum Erwerb der Produkte bzw. zur Inanspruchnahme der Dienstleistungen an. Unternehmensstiftungen sind in ihrem Handeln normalerweise von dem Gründungsunternehmen unabhängig und fördern Projekte der oben genannten Bereiche. In Deutschland gibt es ca. 1000 Unternehmensstiftungen. Die zehn größten hatten 2007 ca. 500 Mio. € zur Verfügung (vgl. Schunk 2009, S. 114 ff.).

Nachfolgend werden verschiedene Varianten des Corporate Volunteering erläutert, da diese sich insbesondere für KMU der Logistikbranche als besonders geeignet darstellen.

Corporate Volunteering Beim Corporate Volunteering ermöglichen die Unternehmen ihren Mitarbeitern, sich während der Arbeitszeit ehrenamtlich für soziale Zwecke zu engagieren (vgl. Herzig 2004, S. 5). Durch Corporate Volunteering soll eine Win-Win-Situation für alle Beteiligten entstehen. Das Unternehmen kann seine Wahrnehmung in der Öffentlichkeit durch die Übernahme von Verantwortung verbessern. Durch verbesserte Sozial-, Führungs- und Teamfähigkeitskompetenzen der Mitarbeiter aufgrund ihres gesellschaftlichen Engagements können Arbeitsabläufe effizienter gestaltet werden. Der gesellschaftliche Nutzen liegt nicht nur im aktuellen Beitrag des Unternehmens, sondern auch in der langfristigen Nachwuchssicherung für gesellschaftliches Engagement. So können beispielsweise ältere Menschen, die in den Ruhestand gehen, davon profitieren und

8.2 Handlungsfeld 2: Gesellschaftliches Engagement

„frühzeitig sinnstiftende Perspektiven entwickeln [.]" (Placke und Riess 2006, S. 11).

Ein Beispiel hierfür ist das ehrenamtliche Engagement in der Freiwilligen Feuerwehr. Für viele ehrenamtliche Feuerwehrleute ist es jedoch schwierig, an Einsätzen, die in die Arbeitszeit fallen, teilzunehmen, wenn der Arbeitgeber kein Verständnis für dieses Engagement hat. Dabei ist gerade die Freiwillige Feuerwehr eine wichtige und notwendige Einrichtung, die der Gesellschaft dient und auch eines Tages vom Arbeitgeber gebraucht werden könnte. Hier könnte das Unternehmen die betroffenen Mitarbeiter durch flexible Arbeitszeitmodelle unterstützen.

Es existieren aber auch weitere Möglichkeiten, so zum Beispiel der sog. *Seitenwechsel*, bei dem Führungskräfte eine Woche in einer sozialen Einrichtung arbeiten, um Alltag und Herausforderungen des sozialen Engagements kennenzulernen und die eigene Sozialkompetenz auszubauen. Besonders die Erfahrung des zwischenmenschlichen Handelns kann anschließend in das Unternehmen eingebracht werden. Auch wenn der Lerneffekt durch diesen Perspektivwechsel sehr groß ist, ist die Freistellung einer Führungskraft für eine Woche eine hohe finanzielle Investition seitens des Unternehmens. Gerade für KMU kann dies eine Herausforderung darstellen (vgl. Placke 2008, S. 21). Allerdings könnte man das Prinzip des Seitenwechsels auch anpassen und das Engagement zeitlich entzerren und über einen längeren Zeitraum verteilen.

Eine Alternative hierzu sind die sog. *Freiwilligentage*, die besonders als Einstieg in das Corporate Volunteering beliebt sind. Hierbei werden Mitarbeiter-Teams gebildet, die dann einen Tag lang eine soziale oder gemeinnützige Organisation unterstützen. Dadurch machen die Mitarbeiter neue Erfahrungen, verbessern ihre Teamfähigkeit und das Unternehmen präsentiert sich mit einer sozialen Verantwortung, was einen positiven Einfluss auf das Image haben kann. Auch können hieraus langfristige Partnerschaften entstehen, die über Spenden und Sponsoring hinausgehen (vgl. Placke 2008, S. 20 f.).

Eine weitere Möglichkeit des Corporate Volunteering ist die *Marktplatz-Methode*[1], die insbesondere für KMU geeignet ist. Hierbei tauschen sich Unternehmen und soziale bzw. gemeinnützige Einrichtungen aus und handeln das Engagement untereinander aus. Dabei können Unternehmen sich mit Sachleistungen, Personal und Kompetenz einbringen. Finanzielle Unterstützung ist bei dieser Methode nicht vorgesehen. Darüber hinaus soll das Engagement mit der Marktplatz-Methode nicht einseitig sein, sondern wirklich ein Austausch zwischen Beteiligten stattfinden. Unterstützt das Unternehmen beispielsweise ein lokales Kinderheim,

---

[1] Ein ausführlicher Leitfaden hierzu findet sich unter http://www.bertelsmann-stiftung.de/cps/rde/xbcr/SID-97F43BEB-0AE815DD/bst/Leitfaden_Gute_Geschaefte_final.pdf.

könnten die Mitarbeiter des Kinderheims im Gegenzug bei einem Aktionstag des Unternehmens die Kinderbetreuung übernehmen. Dadurch haben beide Seiten einen Nutzen: Das Unternehmen stärkt die Sozialkompetenz ihrer Mitarbeiter, die soziale Organisation erhält zusätzliche Ressourcen und es können langfristige Kooperationen entstehen, die der Gemeinde vor Ort zu Gute kommen und das Zusammengehörigkeitsgefühl stärken können (vgl. Placke 2008, S. 3). Dies kann gleichzeitig die Akzeptanz und das Ansehen des Unternehmens seitens der Gemeinde am Standort verbessern.

Literatur

Angrick, M. (2010): Nachhaltigkeit in Zeiten des Ressourcenschutzes, in: Angrick, M. (Hrsg.) (2010): Nach uns, ohne Öl – Auf dem Weg zu nachhaltiger Produktion, Marburg, S. 11–22.
BVL (2012): Der Tag der Logistik, URL: http://www.tag-der-logistik.de/tag-der-logistik/tag-der-logistik, Abrufdatum: 16.02.2015.
Eisenkopf, A. (2012).: „In der Öffentlichkeit ist Mobilität gut, aber Verkehr böse" in: Verkehrsrundschau, 05/2012, S. 17.
Herzig, C. (2004): Corporate Volunteering in Germany. Survey and Empirical Evidence, Centre for Sustainability Management (CSM) e. V., Lüneburg.
Klaus, P. (2008): Märkte und Marktentwicklungen der weltweiten Logistikwirtschaft, in: Baumgarten, H. (Hrsg.) (2008): Das Beste der Logistik. Innovationen, Strategien, Umsetzungen, Berlin, S. 333–350.
Placke, G. (2008): „Gute Geschäfte" zwischen Unternehmen und Gemeinnützigen – Die Marktplatz-Methode als neuer Ansatz zur Anbahnung von Kooperationen zwischen Wirtschaft, zivilgesellschaftlichen Organisationen und öffentlicher Hand im lokalen Umfeld, URL: http://www.gute-geschaefte.org/uploads/tx_jpdownloads/Artikel_MP-Methode_081114.pdf, Abrufdatum: 16.02.2015.
Placke, G./Riess, B. (2006): Bürgerschaftliches Engagement in der zweiten Lebenshälfte: Freiwillige Tätigkeiten in Wechselwirkung mit Erwerbsarbeit, URL: http://www.fundacionbertelsmann.org/cps/rde/xbcr/SID-00285F48-49 A3C849/bst/cbp_2006_Rolle_der_Unternehmen_finale_Version_Langfassung.pdf, Abrufdatum: 16.02.2015.
Schäfer, H./Hauser-Ditz, A./Preller, E. (2004): Transparenzstudie zur Beschreibung ausgewählter international verbreiteter Rating-Systeme zur Erfassung von Corporate Social Responsibility, hrsg. von Bertelsmann Stiftung, Gütersloh.
Schunk, S. (2009): Unternehmensverantwortung und Kennzahlen. Bewertung und Darstellung von Corporate Citizenship-Maßnahmen, Marburg.
Schwenke, T. (2012): Social Media Marketing und Recht, Köln.
Simmet, H. (2014): Wie sinnvoll sind SOCIAL MEDIA zur Suche und Bindung von Logistikmitarbeitern wirklich?, Vortragsunterlagen zur SVG-Fachtagung „Personal" am 09.10.2014, Eschborn.
Straube, F./Doch, S./Nagel, A. (2009): Kundenorientierung und Nachhaltigkeit als Treiber der Logistik, in: Wimmer, T./Wöhner, H. (Hrsg.) (2009): 26. Deutscher Logistik-Kongress, Hamburg, S. 233–267.

Schlüsselthema 5 – Zunehmende Sicherheitsanforderungen

Die Logistik ist zwar traditionell in verschiedenen Zusammenhängen, wie etwa Ex- und Importe, mit Sicherheitsanforderungen konfrontiert. Allerdings muss festgestellt werden, dass diese insbesondere in der jüngeren Vergangenheit deutlich gestiegen sind. Zum einen handelt es sich dabei um Anforderungen, „die der Prävention und Folgeminderung möglicher terroristischer Attacken und nicht planbarer Naturereignisse dienen sollen" (Klaus et al. 2010, S. 26), wie zum Beispiel die Erhöhung der Lieferkettensicherheit durch den sog. bekannten Versender. Zum anderen gibt es steigende Sicherheitsanforderungen in den Bereichen der Ladungs- und Fahrsicherheit, welche durch Gesetze unterstützt beziehungsweise angeregt werden.

Da heute der Datenaustausch zunehmend papierlos und automatisiert stattfindet (vgl. Klaus et al. 2010, S. 30), steigt auch das Bedürfnis nach Datensicherheit, um sich vor möglichen virtuellen Attacken zu schützen. Daher ist es wichtig, auch diese Daten zu schützen, um dieses Risiko zu minimieren.

9.1 Handlungsfeld 1: Sicherheit der Lieferkette

Eine sichere Lieferkette ist für die Logistikdienstleister von großer Bedeutung. Allerdings werden dadurch die Möglichkeiten, logistische Prozesse reibungslos abzuwickeln, häufig erschwert. Seit den Terroranschlägen vom 11. September 2001 sind die Sicherheitsanforderungen erheblich gestiegen, insbesondere in der Luftfahrt. Logistikdienstleister, die Luftfracht befördern, mussten sich traditionell an strengere Vorgaben halten. Mit dem offiziellen Status als sog. Reglementierter

Beauftragter müssen sie sich nun allerdings über Schulungen und Betriebsprüfungen dafür qualifizieren und sich Kontrollen des Luftfahrtbundesamtes unterziehen. Seit April 2013 gelten hier verschärfte Sicherheitsanforderungen. Dazu gehören beispielsweise strenge Sicherheitskontrollen an Ein- und Ausgängen des Betriebsgeländes, Videoüberwachungsanlagen und vieles mehr. Für alle Dienstleister, die dies nicht auf sich nehmen wollen, entstehen längere Wartezeiten bei Zoll- und Sicherheitskontrollen (vgl. Klenner 2012, S. 156 f.).

Eine Möglichkeit, präventives Risikomanagement zu betreiben, stellt auch die Teilnahme an s.a.f.e. dar. Dabei handelt es sich um die Schutz- und Aktionsgesellschaft für die Entwicklung für Sicherheitskonzepte in der Spedition. Diese Organisation hat Anforderungen an einen sicheren Logistikstandort aufgestellt. Um ein s.a.f.e.-Zertifikat zu erhalten, müssen diese Anforderungen erfüllt werden. Ziel von s.a.f.e. ist „ein nachhaltiger Schutz logistischer Dienstleistungen durch Eindämmung des Raub- und Diebstahl- sowie Terrorrisikos" (S.a.f.e. o. J., o. S.). Im internationalen Kontext dominieren eher die Regeln der Transported Asset Protection Association (TAPA), die mit dem Ziel gegründet wurde, einen Standard zu entwickeln, Sicherheitsrisiken entlang der gesamten Lieferkette zu identifizieren und diese zu managen.

9.2 Handlungsfeld 2: Ladungs- und Fahrsicherheit

Ladungs- und Fahrsicherheit sind essentielle Bedingungen für nachhaltigen Verkehr. Durch Unfälle werden sowohl Mensch und Umwelt als auch die wirtschaftliche Situation des Unternehmens beeinträchtigt. Auch die sog. Bagatellschäden, die beispielsweise beim Rangieren oder durch das Streifen anderer Fahrzeuge entstehen, sollten nicht unberücksichtigt bleiben, da sie insgesamt zu einer hohen Kostenbelastung und unter Umständen auch zu steigenden Versicherungsprämien führen können (vgl. o. V. 2012, o. S.).

Auch vor diesem Hintergrund bieten sich regelmäßige Fahrtrainings sowie Schulungen zur Ladungssicherheit für das Fahrpersonal an. Zudem wächst mit steigendem Verkehrsaufkommen auch die Wahrscheinlichkeit, dass Unfälle und Schäden entstehen. Auch der Einsatz von Technik, beispielsweise Fahrerassistenzsystemen, kann hier ein geeignetes Mittel sein, um Schäden entgegenzuwirken.

Jedoch zählen nicht nur Unfälle zu den Risiken. Auch Überfälle auf Fahrer nehmen zu und Zwischenstopps werden zu Risikosituationen. Um das Diebstahlrisiko zu minimieren, ist es nötig, einerseits keine unnötigen Verzögerungen in der Prozesskette entstehen zu lassen und andererseits die Mitarbeiter für solche Gefahrensituationen zu sensibilisieren (vgl. Granzow 2012, o. S.).

9.3 Handlungsfeld 3: Datensicherheit

Datenschutz ist ebenfalls ein Thema von großer Bedeutung. Durch elektronische Datenübertragung, Nutzung sozialer Medien, Nutzung von Telematik und Einsatz des digitalen Tachographen bilden sich immer mehr potenzielle Gefahrenpunkte. Daher ist es wichtig, dass sich auch ein Logistikdienstleister mit Notwendigkeiten des Datenschutzes intensiv auseinandersetzt, um Präventionsmaßnahmen ergreifen zu können. Daher sollte ein Datenschutzbeauftragter bestimmt werden, der als Koordinator bezüglich des Datenschutzes fungiert. Möchte das Unternehmen über das Branchenübliche hinausgehen, wäre auch die Einführung eines Datenschutzsystems nach der ISO Norm 27001 zur Datensicherheit denkbar.

Die Systemverkehrskooperation CargoLine beispielsweise hat ein solches System über alle Partnerunternehmen hinweg aufgebaut und ist nach ISO 27001 zertifiziert. Um gewährleisten zu können, dass jederzeit eine hohe Informationssicherheit sowie Verfügbarkeit, Integrität und Vertraulichkeit der erforderlichen IT-Systeme besteht, wurden unter anderem Ersatzstromkreise baulich von den Hauptstromkreisen getrennt, der Virenschutz erhöht, die Datensicherung verfeinert und teilweise sogar ausgelagert, und Notfallszenarien erstellt. Darüber hinaus werden alle kritischen Prozesse kontinuierlich überprüft. Dazu zählen „Auftragserfassung und -abwicklung inklusive Disposition und Erstellen der Dokumente, Datenkommunikation mit Kunden, Partnern und Lieferanten, die Abwicklung inklusive Hallenscannung sowie Sendungseingang und -ausgang. Die Untersuchung umfasst die hierzu erforderlichen IT-Plattformen und deren Betrieb, das Storage- und Backup-Management, die interne Netzwerkinfrastruktur bestehend aus aktiven Netzwerkkomponenten und Firewalls, das VPN zum Rechenzentrum Niederaula sowie das zur Betreuung der Anwendungen gehörige Monitoring und Management" (Cargo-Line 2013, o. S.).

Literatur

CargoLine (2013): CargoLine bietet Hackern Paroli, URL: http://www.cargoline.de/de/Sicherheit-ueber-alle-Partner-hinweg-145,294.html, Abrufdatum: 16.02.2015.
Granzow, A. (2012): Sicherheit beginnt im Kopf, in DVZ (2012), Nr. 113, o. S.
Klaus, P./Hartmann, E./Kille, C. (2010): Die TOP 100 der Logistik. Marktgrößen, Marktsegmente und Marktführer in der Logistikdienstleistungswirtschaft, Hamburg.
Klenner, J. (2012): Versender vor umfassenden Veränderungen für mehr Luftfrachtsicherheit, in: Wolf-Kluthausen, H. (Hrsg.) (2012): Jahrbuch Logistik 2012, Korschenbroich, S. 156–159.

Teil III
Grundlagen der Nachhaltigkeitsberichterstattung

Einführung in die Nachhaltigkeitsberichterstattung

Dieses Kapitel gibt einen Überblick über den aktuellen Stand der Nachhaltigkeitsberichterstattung, sowohl im Allgemeinen als auch für die Logistikbranche im Besonderen. Zunächst wird eine Begriffsabgrenzung vorgenommen und eine kurze Einführung zur Entstehung und Entwicklung von Nachhaltigkeitsberichten gegeben.

10.1 Begriffsabgrenzung

Ein Nachhaltigkeitsbericht informiert ganzheitlich über alle drei Säulen der Nachhaltigkeit – Ökonomie, Ökologie und Soziales – und unterscheidet sich damit von einem CSR-Bericht, der nur die beiden Säulen Ökologie und Soziales fokussiert. Ein Umweltbericht wiederum stellt lediglich Themen einer Säule, nämlich die der Ökologie, dar. In der Praxis haben sich allerdings auch Mischformen etabliert, die durch Erweiterung eines Umweltberichtes um soziale Faktoren oder die Ergänzung eines Geschäftsberichtes um soziale und ökologische Faktoren entstanden sind (vgl. Loew et al. 2004b, S. 32, 75).

Wesentliches Ziel der Nachhaltigkeitsberichterstattung ist das Schaffen von Transparenz. Gemäß der Norm ISO 26000 (Leitfaden zur gesellschaftlichen Verantwortung) wird Transparenz definiert als „Offenheit in Bezug auf Entscheidungen und Aktivitäten, die die Gesellschaft, die Wirtschaft und die **Umwelt** [.] beeinflussen, verbunden mit der Bereitschaft, diese klar, präzise, zeitgerecht, aufrichtig und vollständig zu kommunizieren" (ISO 26000 2011, S. 18).

10.2 Entwicklung der Nachhaltigkeitsberichterstattung

Die Entwicklung der Nachhaltigkeitsberichterstattung ist parallel zur Nachhaltigen Entwicklung verlaufen. Zunächst wurden hauptsächlich Umweltberichte verfasst, in die nach und nach auch soziale und wirtschaftliche Komponenten einbezogen wurden. Dabei war der Umfang der nicht-finanziellen Aspekte zunächst von nationalen Richtlinien und Gesetzen abhängig. Ende der 1980er-Jahre wurden dann die ersten Nachhaltigkeitsberichte verfasst. 2001 waren es weltweit rund 1000 Berichte und es wurde ein deutlicher Anstieg erwartet (vgl. ACCA 2001, S. 4). Allein die Anzahl der Nachhaltigkeitsberichte, die nach den GRI-Richtlinien weltweit erstellt werden, wuchs von einer Hand voll im Jahr 2000 auf über 13.000 Ende 2010 an (vgl. GRI 2010, S. 2 ff.). Im Jahr 2012 kamen 47% aller Berichte, die in der GRI-Datenbank eingetragen waren (10% davon sind nicht nach GRI erstellt), aus Europa. Die restlichen Berichte verteilen sich nahezu gleichmäßig auf Asien, Latein- und Nordamerika. In den Top 10 der weltweiten Länderstatistik liegt Deutschland auf Platz sieben und hat einen Anteil von 4% an den Berichten weltweit (vgl. GRI 2012d, S. 5 ff.).

Der Großteil der berichtenden Unternehmen setzt sich immer noch aus Aktiengesellschaften und Unternehmen der öffentlichen Hand zusammen. Eine Studie der KPMG, bei der für 41 Länder jeweils die 100 größten Unternehmen sowie die 250 größten Unternehmen (G250) weltweit betrachtet wurden, hat ergeben, dass 71% dieser Unternehmen einen Nachhaltigkeitsbericht verfassen. Bei den G250 sind es sogar 93%. Die GRI-Richtlinien werden dabei von rund 80% der Unternehmen genutzt (vgl. KPMG 2013, S. 11 f., 31). Bereits hier wird die Bedeutung der GRI-Richtlinien für die Nachhaltigkeitsberichterstattung deutlich.

In einigen Ländern ist die Nachhaltigkeitsberichterstattung für Großunternehmen (ab 500 Mitarbeitern) verpflichtend geworden. So zum Beispiel in Dänemark und Frankreich. In beiden Ländern gibt es schon seit vielen Jahren eine Berichtspflicht für soziale Aspekte, durch Gesetzesnovellierungen wurden diese in den letzten Jahren verstärkt. Studien haben ergeben, dass durch die verschärfte Berichtspflicht in Dänemark innerhalb von nur drei Jahren die Zahl der berichtenden Unternehmen von 50% auf knapp 95% gestiegen ist. Aber auch Qualität, Inhalt und Umfang der Berichte sind gestiegen bzw. haben sich verbessert. Ähnliche Ergebnisse konnten auch in Frankreich beobachtet werden (vgl. KPMG, GRI et al. 2013, S. 14, 31).

10.3 Stand der Nachhaltigkeitsberichterstattung in Deutschland

Nach wie vor ist die Nachhaltigkeitsberichterstattung in Deutschland freiwillig. Allerdings hat sich die Gesetzgebung in Bezug auf den (Konzern-)Lagebericht geändert. Hier sollen nun auch Chancen und Risiken in Bezug auf Umwelt und Soziales abgedeckt werden (vgl. Schunk 2009, S. 140). Es ist aber anzumerken, dass die gesetzlichen Anforderungen in Deutschland in Bezug auf einzelne Nachhaltigkeitsthemen, wie beispielsweise Umweltbelastungen und Arbeitsbedingungen, im internationalen Vergleich sehr hoch sind (vgl. Bay 2010, S. 98, 103).

Der Großteil der DAX30-Unternehmen veröffentlicht regelmäßig einen Nachhaltigkeitsbericht. Lediglich zwei Unternehmen verfassen keinen Nachhaltigkeitsbericht. Diese nehmen jedoch zum Thema Nachhaltigkeit auf ihrer Internetseite Stellung. Rund 86% verfassen den Nachhaltigkeitsbericht auf Basis der GRI-Richtlinien. Der Großteil verwendet noch die alte Version GRI G3/3.1. Schon 28% der berichtenden DAX30 sind dazu übergegangen, integrierte Berichte zu verfassen, also die Inhalte des Nachhaltigkeitsberichts in den Jahres- bzw. Geschäftsbericht einzugliedern, sodass nur noch ein Bericht veröffentlicht wird. Ein Unternehmen nimmt hier eine Vorreiterrolle ein und berichtet nach den Leitlinien für integrierte Berichterstattung IIRC, die sich derzeit noch in der Pilotphase befinden. Knapp mehr als die Hälfte der DAX30 hat den United Nations Global Compact (UNGC) unterzeichnet und weitere 14% befolgen den Deutschen Nachhaltigkeitskodex (DNK). 57% lassen ihre Berichte von externen Dritten überprüfen (eigene Recherche, Mai 2014).

Betrachtet man die Bereitschaft zur Nachhaltigkeitsberichterstattung der DAX30 in ihrer Entwicklung über das letzte Jahrzehnt hinweg, wird deutlich, dass hier ein Umdenken stattgefunden hat. Abb. 10.1 unterstreicht dies.

Für kleine und mittlere Unternehmen (KMU) gibt es seit 2009 Rankings der Nachhaltigkeitsberichte. Von 2009 bis 2011 stieg die Anzahl der Berichte von 46 auf 120. Setzt man diese Anzahl allerdings mit der Gesamtzahl an KMU in Deutschland von ca. 3,5 Mio. ins Verhältnis, sind 120 verfasste Nachhaltigkeitsberichte äußerst wenig. Von den 154 größten Unternehmen in Deutschland verfassen immerhin 40% einen Nachhaltigkeitsbericht, Tendenz steigend. Bei den Großunternehmen steigt nicht nur die Anzahl der berichtenden Unternehmen, sondern auch die Häufigkeit der Berichterstattung: seit 2009 um ca. 25%, d. h. dass gut drei Viertel der berichtenden Unternehmen einen Berichtszyklus von einem Jahr haben (vgl. Bachmann 2011, S. 1).

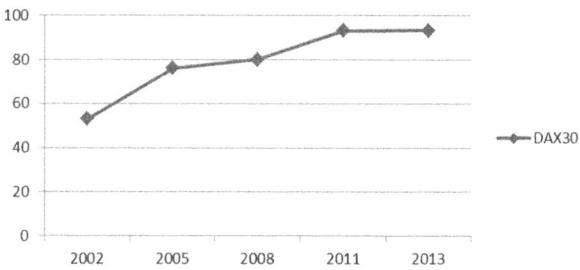

Abb. 10.1 Entwicklung der Nachhaltigkeitsberichterstattung der DAX30-Unternehmen (Quelle: Daten 2002–2011 siehe KPMG 2012, S. 10; Daten 2013 aus eigener Recherche)

10.4 Stand der Nachhaltigkeitsberichterstattung in der Logistik

Da kleine und mittlere Unternehmen, aus denen sich der Großteil der Logistikwirtschaft zusammensetzt (vgl. Klaus et al. 2010, S. 16), nicht publizitätspflichtig sind, beschäftigen sich die meisten Logistikdienstleister bisher nicht mit dem Verfassen von Nachhaltigkeitsberichten. Entsprechend schwierig gestaltet sich deshalb oftmals die Datenlage vor Ort. Hier haben es publizitätspflichtige Unternehmen leichter, da die Prozesse der Informationsgewinnung und -verarbeitung zumindest im ökonomischen Bereich schon vorhanden sind. Aber auch von den Top 100 der Logistik in Deutschland verfassen nur 17 (eigene Recherche) einen Nachhaltigkeitsbericht.

Im IÖW/future-Ranking 2009 wurden insgesamt 13 Unternehmen aus der Transport- und Logistikbranche, einschließlich Personenverkehr, bewertet. Davon haben sechs einen eigenständigen Nachhaltigkeitsbericht verfasst. Fünf stellen im Internet knappe Informationen zu Umweltschutz und Nachhaltigkeit zur Verfügung, lediglich ein Unternehmen berichtet gar nicht. Insgesamt betrachtet ist die Berichtsleistung der Unternehmen unterdurchschnittlich und im Vergleich zum letzten Ranking in 2007 sogar schlechter geworden. Allein das Thema Klimaschutz fällt positiv auf (vgl. IÖW/future 2009, S. 81 ff.). Dies deckt sich mit der These, dass Umwelt- und Klimaschutz eine herausragende Rolle in Transport und Logistik spielen.

Auch eine internationale Studie zur Nachhaltigkeitsberichterstattung kommt zu der Erkenntnis, dass die Logistikbranche weltweit in Sachen Nachhaltigkeits-

10.4 Stand der Nachhaltigkeitsberichterstattung in der Logistik

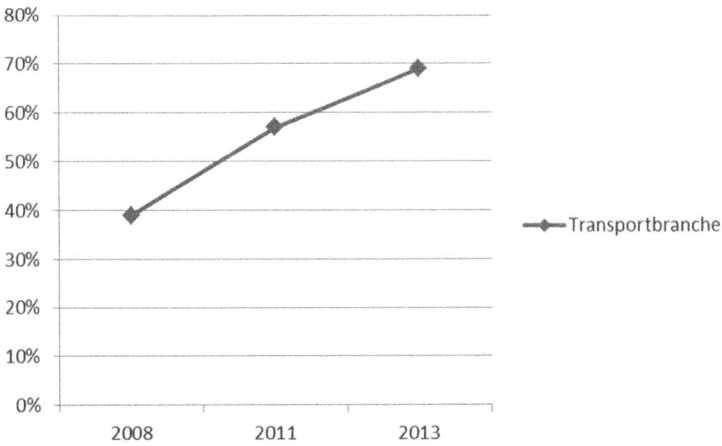

Abb. 10.2 Entwicklung der Nachhaltigkeitsberichterstattung im internationalen Transport (Quelle: KPMG 2013, S. 27)

berichterstattung hinterher hinkt (vgl. KPMG 2011, S. 5). Im Jahr 2011 schaffte es die weltweite Logistikbranche im Branchenranking der GRI auf Platz 16 von 20 (vgl. GRI 2012d, S. 11). Dennoch werden auch hier Schritte in Richtung Berichterstattung unternommen. Die Nachhaltigkeitsberichterstattung in der weltweiten Transportbranche hat in der Vergangenheit deutlich zugenommen, wie Abb. 10.2 verdeutlicht.[1]

Einer der ersten Logistikdienstleister, der einen Nachhaltigkeitsbericht veröffentlicht hat, ist die Deutsche Post AG – die erste ganzheitliche Berichterstattung erfolgte 2006 und ersetzte die bisher getrennten Berichte. Gleiches tat die Deutsche Bahn ein Jahr später. Auch der Logistikdienstleister Hellmann Worldwide Logistics begann 2007 mit der jährlichen Nachhaltigkeitsberichterstattung. Im Rahmen des Nachhaltigkeitsindex für Logistikdienstleister wurde ebenfalls die Transparenz der Top100 der Logistik bewertet; nämlich, in wieweit Nachhaltigkeit nach außen kommuniziert wird (vgl. Nehm et al. 2011, S. 6).

Auffällig ist, dass in der Kategorie ‚überdurchschnittlich transparent' gleich drei KEP-Dienstleister vertreten sind. Die Ursache hierfür kann in der Nähe zum Endkunden begründet liegen, der grüne Produkte und Informationen verlangt. In der Kategorie ‚sehr transparent' sind hauptsächlich sehr umsatzstarke Logistikdienstleister zu finden. 60 % der Top 100 berichten allerdings überhaupt nicht über

---

[1] Diese Entwicklung bezieht sich sowohl auf den Güterverkehr als auch den Personenverkehr und ist verkehrsträgerübergreifend. In der Studie von KPMG (2013) wurden die 100 größten bzw. umsatzstärksten Unternehmen in 41 Ländern betrachtet.

Nachhaltigkeitsthemen, weder in Form eines Nachhaltigkeitsberichts noch in einer anderen Form. Generell gilt für die Logistikdienstleister, je aktiver sich mit dem Thema Nachhaltigkeit auseinander gesetzt wird, desto transparenter und offener ist auch die Kommunikation (vgl. Nehm et al. 2011, S. 17 f., 33).

Literatur

ACCA (2001): Environmental, Social and Sustainability Reporting on the World Wide Web: A Guide to best Practice, London 2001.
Bachmann, G. (2011): The German Sustainability Code. A New Approach Linking Economy and Society onto the Pathway to Sustainability, Vortragsmanuskript, European Conference hosted by European Partners for the Environment (EPE) am 21.12.2011, Brüssel.
Bay, K. (Hrsg.) (2010): ISO 26000 in der Praxis. Der Ratgeber zum Leitfaden für soziale Verantwortung und Nachhaltigkeit, Darstellung, Diskussion und Analyse – Vergleiche zu bestehenden Regelungen – Umsetzungshinweise und Beispiele, München.
GRI (2010): GRI Sustainability Reporting Statistics - Publication year 2010, Amsterdam.
GRI (2012d): GRI Sustainability Reporting Statistics - Publication year 2011, Amsterdam.
IÖW/future e. V. (2009): Das IÖW/future-Ranking der Nachhaltigkeitsberichte 2009. Ergebnisse und Trends, Berlin, Münster.
ISO 26000 (2011): ISO 26000:2010 Leitfaden zur gesellschaftlichen Verantwortung, Berlin.
Klaus, P./Hartmann, E./Kille, C. (2010): Die TOP 100 der Logistik. Marktgrößen, Marktsegmente und Marktführer in der Logistikdienstleistungswirtschaft, Hamburg.
KPMG (2011): KPMG International Survey of Corporate Responsibility Reporting 2011. The Definitive Snapshot of CR Reporting, o.O.
KPMG (2012): KPMG-Handbuch zur Nachhaltigkeitsberichterstattung, Update 2011, o.O.
KPMG (2013): The KPMG Survey of Corporate Responsibility Reporting 2013, o.O.
KPMG, GRI et al. (2013): Carrots and Sticks. Sustainability reporting policies worldwide – today's best practice, tomorrow's trends, 3rd edition; Amsterdam et al.
Loew, T. et al. (2004b): Bedeutung der CSR-Diskussion für Nachhaltigkeit und die Anforderungen an Unternehmen. Endbericht, Münster, Berlin.
Nehm, A./Schwemmer, M./Kübler, A. (2011): Nachhaltigkeitsindex für Logistikdienstleister, Fraunhofer-Arbeitsgruppe für Supply Chain Services, Nürnberg.
Schunk, S. (2009): Unternehmensverantwortung und Kennzahlen. Bewertung und Darstellung von Corporate Citizenship-Maßnahmen, Marburg.

Standards, Richtlinien und Leitfäden 11

Es gibt eine Fülle von Anleitungen und Richtlinien, die bei der Erstellung eines Nachhaltigkeitsberichts helfen sollen. Dies liegt zum einen an den unterschiedlichen Bedürfnissen der Branchen und Länder, und zum anderen daran, dass es sich durchweg um freiwillige Selbstverpflichtungen handelt. Ein einheitlicher, vom Gesetzgeber vorgeschriebener Standard wäre einerseits aufgrund der Komplexität schwierig umsetzbar, und andererseits sogar kontraproduktiv. Um Nachhaltigkeit im Unternehmen erfolgreich umsetzen zu können, muss die Motivation von innen heraus kommen und nicht durch den Gesetzgeber vorgegeben werden. Ein Zwang, so wird argumentiert, könnte eher dazu führen, dass Auswege gesucht werden, um lediglich ein Mindestmaß der Vorgaben zu erfüllen, anstatt pro-aktiv zu handeln (vgl. Repnik 2011, S. 2).

Dennoch sind einheitliche Regelungen nötig, um Transparenz und Vergleichbarkeit schaffen zu können. Hierzu werden in diesem Kapitel die maßgeblichen Richtlinien und Leitfäden auf nationaler und internationaler Ebene vorgestellt, die sich, auch mit Unterstützung der Politik, etabliert haben und das Thema Nachhaltigkeit ganzheitlich und nicht nur in Teilaspekten behandeln.

11.1 Die Basis aller Standards

Zunächst werden die grundlegenden Prinzipien vorgestellt, da im Kern alle nationalen und internationalen Standards, Richtlinien und Leitfäden zur Nachhaltigkeitsberichterstattung auf den gleichen Grundprinzipien basieren. Hierbei haben sich im Laufe der Zeit drei zentrale Organisationen herauskristallisiert, die jeweils diese Grundprinzipien formuliert haben: die Vereinten Nationen (UN), die Internationale Arbeitsorganisation (ILO) und die Organisation für wirtschaftliche Zusammenarbeit und Entwicklung (OECD). Auf diese wird im Folgenden näher eingegangen, um ein Grundverständnis für die Nachhaltigkeitsberichterstattung zu schaffen.

11.1.1 UN Global Compact

Der ‚United Nations Global Compact' wurde im Jahr 2000 von den Vereinten Nationen ins Leben gerufen. Ziel ist es, gemeinschaftlich eine nachhaltige Zukunft für alle zu schaffen. Dabei spielt eine globale Plattform zum Austausch von Informationen eine wichtige Rolle. Heute haben diesen mehr als 8000 Unternehmen in über 135 Ländern unterzeichnet. 57% der unterzeichnenden Unternehmen haben ihren Sitz in Europa (vgl. UN 2011b, S. 5 f.). Diese Statistik unterstreicht die führende Rolle Europas bei den weltweiten Nachhaltigkeitsbestrebungen.

Der Global Compact besteht aus folgenden zehn Prinzipien (eigene Übersetzung, Original vgl. UN 2011b, S. 6):

Menschenrechte

1. Unternehmen sollen den Schutz der international anerkannten Menschenrechte unterstützen und respektieren.
2. Unternehmen sollen sicherstellen, dass sie sich nicht an Menschenrechtsverletzungen mitschuldig machen.

Arbeitsbedingungen

3. Unternehmen sollen das Recht auf Vereinigungsfreiheit und auf Kollektivvereinbarungen wahren.
4. Unternehmen sollen jegliche Form von Zwangsarbeit eliminieren.
5. Unternehmen sollen Kinderarbeit abschaffen.
6. Unternehmen sollen Diskriminierung bei Einstellung und Beschäftigung beseitigen.

Umwelt

7. Unternehmen sollen das Vorsorgeprinzip im Umgang mit Umweltproblemen unterstützen.

11.1 Die Basis aller Standards

8. Unternehmen sollen Initiativen ergreifen, um ein größeres Verantwortungsbewusstsein gegenüber der Umwelt zu erzielen.
9. Unternehmen sollen die Entwicklung und die Verbreitung von umweltfreundlichen Technologien fördern.

Anti-Korruption

10. Unternehmen sollen jegliche Form von Korruption bekämpfen, einschließlich Erpressung und Bestechung.

Die Unterzeichnung des Global Compacts ist freiwillig; allerdings bringt die Unterzeichnung einige Pflichten mit sich: Mit der Registrierung verpflichtet sich das Unternehmen, einen jährlichen finanziellen Beitrag zu leisten. Dieser variiert je nach Unternehmensgröße beziehungsweise Umsatz zwischen 400 und 8000 €. Die Prinzipien müssen in die Unternehmensstrategie eingebaut und im Geschäftsalltag umgesetzt werden. Im Jahres- oder Nachhaltigkeitsbericht muss über die Fortschritte der Umsetzung berichtet werden. Des Weiteren werden die Unternehmen dazu ermutigt, sich auch über den Global Compact hinaus für eine nachhaltige Zukunft zu engagieren (vgl. UN 2011a, S. 2 ff.).

Oftmals wird der UN Global Compact für seine Oberflächlichkeit kritisiert, da es für die Berichtspflicht keine spezifischen Anforderungen gibt. Somit sind die jeweiligen Angaben der Unternehmen weder vergleichbar noch überprüfbar und haben letztendlich wenig Aussagekraft. Allerdings muss man auch bedenken, dass der Global Compact weltweit anwendbare Mindestanforderungen an eine nachhaltige Unternehmensführung darstellen soll (vgl. Schunk 2009, S. 149). Daher ist eine weitere Konkretisierung der Prinzipien gar nicht möglich, da die Anforderungen und Rahmenbedingungen weltweit verschieden sind. Für Unternehmen, die den Global Compact in ihren Nachhaltigkeitsbericht aufnehmen, wird die Umsetzung für Außenstehende sichtbarer.

11.1.2 ILO-Kernarbeitsnormen

Die Internationale Arbeitsorganisation (ILO) wurde bereits 1919, im Zusammenhang mit dem Versailler Vertrag, gegründet. 1998 wurden die Kernarbeitsnormen der ILO im Rahmen der *Erklärung der ILO über grundlegende Prinzipien und Rechte bei der Arbeit* von allen ILO-Mitgliedstaaten einstimmig anerkannt und sind bis heute von über 120 Ländern, darunter auch Deutschland, ratifiziert (vgl. ILO 2007, S. 2 f.). Der Grundgedanke der ILO ist, „dass soziale Gerechtigkeit eine wesentliche Voraussetzung für einen dauerhaften Weltfrieden ist; dass wirtschaftliches Wachstum wesentlich ist, aber nicht ausreicht, um Gerechtigkeit, sozialen Fortschritt und die Beseitigung von Armut zu gewährleisten [...]" (ILO 2015, o. S.). Ziel der ILO ist es daher, global einheitliche Standards zu schaffen, um langfristig soziale Gerechtigkeit durch menschenwürdige Arbeit erreichen zu können. Dabei basieren die Bestrebungen der ILO auf den vier Grundprinzipien: Vereinigungsfreiheit und Recht auf Kollektivvereinbarungen, Beseitigung von Zwangs- und Pflichtarbeit, Abschaffung von Kinderarbeit und Verbot von Diskriminierung in Beschäftigung und Beruf. Seit 1930 haben sich aus diesen Prinzipien, neben zahlreichen weiteren, acht grundsätzliche Übereinkommen, die Kernarbeitsnormen, entwickelt (vgl. ILO 2015, o. S.). Die Staaten, die die Erklärung der ILO unterzeichnet haben, verpflichten sich zur Einhaltung der Kernarbeitsnormen und zur regelmäßigen Berichterstattung zum aktuellen Stand im jeweiligen Land. Allerdings können bei Verstößen gegen die Kernarbeitsnormen keine Sanktionen seitens der ILO, wie beispielsweise ein Handelsembargo, gegen den jeweiligen Staat ausgesprochen werden. Vielmehr sollen die Kernarbeitsnormen einen grundsätzlichen Rahmen für die Mitgliedsstaaten bieten und zu eigenverantwortlichem Handeln motivieren und anleiten (vgl. ILO 1998, S. 5).

Die vier Grundprinzipien sind in Deutschland weitestgehend umgesetzt. Lediglich im Bereich Diskriminierung im Berufsleben besteht noch Handlungsbedarf in den Unternehmen, insbesondere beim Thema Gleichstellung der Geschlechter. Denn oftmals haben Frauen schlechtere Chancen auf dem Arbeitsmarkt und bekommen niedrigere Gehälter als Männer (vgl. ILO 2007, S. 12). Von staatlicher Seite wird das Verbot der Diskriminierung zwar durch das AGG (Allgemeines Gleichbehandlungsgesetz) abgedeckt, jedoch erst seit 2006. Auch auf EU-Ebene wird der Handlungsbedarf in der 2010 verabschiedeten *Strategie zur Gleichstellung von Frauen und Männern* bis 2015 deutlich. Eckpunkte dieser Strategie sind unter anderem gleicher Lohn für gleiche Arbeit und eine ausgeglichenere Verteilung von Führungspositionen. Eine Studie von Sustainalytics aus dem Jahr 2012 zur Nachhaltigkeitsleistung deutscher Großunternehmen betrachtet auch die Aufsichtsräte der DAX30-Unternehmen. Es wurde festgestellt, dass bei einem Drittel der Unternehmen keine Frau zu finden ist, bei den anderen zwei Drittel mindestens eine, maximal aber zwei. In Skandinavien waren bei 45 % der von Sustainalytics befragten Unternehmen mindestens drei Frauen im Aufsichtsrat zu finden (vgl. Sustainalytics 2012, S. 20). Hier besteht also noch Handlungsbedarf für die deutschen Unternehmen.

Es gilt allerdings zu bedenken, dass durch globale Lieferketten auch deutsche Unternehmen menschenunwürdigen Arbeitsbedingungen begegnen können, vor allem in Schwellen- und Entwicklungsländern. So gibt es heute weltweit noch

11.1 Die Basis aller Standards

immer 12 Mio. Menschen, die Zwangsarbeit leisten und über 200 Mio. Kinderarbeiter. Im Gegensatz zu Industriestaaten sind in den ärmsten Ländern weniger als 10% der Bevölkerung sozial abgesichert. Global gesehen haben nur 20% eine adäquate soziale Absicherung (vgl. ILO 2007, S. 10 ff., 17). Dies sind nur einige der Probleme im Zusammenhang mit menschenwürdiger Arbeit. Nicht nur für international tätige Unternehmen ist es wichtig, auf die Auswahl ihrer Lieferanten zu achten, auch für alle anderen Unternehmen und jeden einzelnen ist es wichtig, auf die Herkunft der verwendeten Produkte und Materialien zu achten, um menschenunwürdige Arbeit nicht zu fördern.

OECD-Leitsätze für multinationale Unternehmen
(vgl. OECD 2011, S. 7, 15 ff., 18 ff., 31 ff.) Die *OECD-Leitsätze für multinationale Unternehmen* bieten einen freiwilligen Rahmen zum verantwortungsbewussten unternehmerischen Handeln für international tätige Unternehmen. Die Leitsätze wurden in Zusammenarbeit mit verschiedenen Regierungen entwickelt und orientieren sich an geltenden Gesetzen. Ziel der Leitsätze ist es, die Beziehungen zwischen Unternehmen und Gastland zu stärken, Auslandsinvestitionen zu ermutigen, einen Beitrag zur nachhaltigen Entwicklung zu leisten und allgemein ein gutes Geschäftsverhalten zu fördern. Motivation der Leitsätze sind die zunehmende Globalisierung und in dem Zusammenhang auch die Produktionsverlagerung in Entwicklungs- und Schwellenländer, häufigere Fusionen von Unternehmen verschiedener Nationalität sowie steigende Auslandsaktivitäten auch von KMU.

Das besondere an diesen Leitsätzen ist, dass die Regierungen der teilnehmenden Staaten, die Unternehmen, Gewerkschaften und andere NGOs zusammen arbeiten und jede Anspruchsgruppe im Rahmen ihrer Möglichkeiten zur Zielerreichung beiträgt. Die Leitsätze haben weltweite Gültigkeit und richten sich branchen- und größenunabhängig an alle international tätigen Unternehmen. Inhaltlich decken die Leitsätze acht Themenbereiche ab: Menschenrechte, Beschäftigung und Beziehung zwischen Sozialpartnern, Umwelt, Bekämpfung von Korruption, Verbraucherinteressen, Wissenschaft und Technologie, sowie Wettbewerb und Besteuerung.

Die unterzeichnenden Unternehmen verpflichten sich dazu, diverse in den Leitsätzen vorgeschriebene Informationen offenzulegen, unter anderem die wirtschaftliche Leistung, die Unternehmensziele, die Organisationsstruktur und die Vergütung des obersten Leitungsorgans, bekannte Risiken und die Umsetzung von Corporate Governance. Diese sind die Mindestanforderungen und werden auch in den Standards zur Nachhaltigkeitsberichterstattung berücksichtigt.

11.2 Internationale Standards

Auf internationaler Ebene gibt es zwei anerkannte Standards: die Richtlinien der Global Reporting Initiative (GRI) und die der European Federation of Financial Analysts Societies (EFFAS), wobei diese ihren Ausgangspunkt in den GRI haben. Beide werden zunächst einzeln vorgestellt und anschließend miteinander verglichen.

Darüber hinaus gibt es auf internationaler Ebene zwei Weiterentwicklungen, die über das Potenzial verfügen, sich langfristig zu international anerkannten Standards zu entwickeln: die ISO 26000 und der Integrated Reporting Framework des International Integrated Reporting Committee (IIRC). Auch diese beiden werden im weiteren Verlauf vorgestellt.

GRI-Richtlinien

Die Global Reporting Initiative (GRI) wurde 1997 ins Leben gerufen und die erste Version der Richtlinien wurde 1999 veröffentlicht (vgl. GRI 2006a, S. 1). Diese Richtlinien werden regelmäßig überarbeitet und weiterentwickelt. Im Jahr 2013 wurde die neue Version GRI G4 veröffentlicht. In der Übergangsphase können jedoch auch noch die Versionen G3 beziehungsweise G3.1 genutzt werden. Diese Entscheidung bleibt dem berichtenden Unternehmen überlassen. Bis Ende 2015 werden beide Versionen akzeptiert. Ab 2016 soll dann nur noch die aktuellste Version G4 genutzt werden. Unternehmen, die zum ersten Mal einen Nachhaltigkeitsbericht verfassen, wird von Seiten der GRI geraten, direkt den neuen Standard anzuwenden (Vgl. GRI 2013, S. 14). Daher werden im Folgenden beide Versionen vorgestellt.

GRI G3/3.1

Die GRI-Richtlinien G3/3.1 sind in drei Anwendungsebenen unterteilt: A, B und C, wobei A die anspruchsvollste Ebene darstellt. Die Ebenen orientieren sich an der Erfahrung des Berichterstatters, somit ist Ebene C für Anfänger und Ebene A für Fortgeschrittene gedacht. Wird der Nachhaltigkeitsbericht durch unabhängige Dritte geprüft, kann auf jeder Ebene ein „+" hinzugefügt werden. Die Anwendungsebene kann durch den Verfasser selber bestimmt werden. Durch dieses System soll allen potentiellen Berichterstattern der Anreiz gegeben werden, sich mit jedem Bericht weiterzuentwickeln (vgl. GRI 2006a, S. 1).

Die GRI-G3/3.1-Richtlinien gliedern sich in insgesamt acht Teile. Zum einen gibt es die Grundlagen zu den Anwendungsebenen und zum anderen den Leitfaden zur Berichterstattung. Dieser gibt einen Überblick über die Berichterstattung mit GRI und geht dann auf Inhalt, Qualität und Grenzen des Berichts ein sowie

11.2 Internationale Standards

die zu machenden Standardangaben. In den sechs Indikatorprotokollen werden die einzelnen Leistungsindikatoren und deren Anforderungen im Detail beschrieben. Die Leistungsindikatoren sind nach folgenden Themen aufgeteilt: Ökonomie, Ökologie, und Gesellschaft. Das Thema Gesellschaft gliedert sich in weitere Unterpunkte: Arbeitspraktiken und menschenwürdige Beschäftigung, Menschenrechte, Gesellschaft und schließlich Produktverantwortung (vgl. GRI 2006b, S. 1). Zu jedem dieser Themen fordert GRI für Anwendungsebene A und B eine Erklärung des Managementansatzes. Die Mindestanzahl der zu berichtenden Leistungsindikatoren ist für jede Ebene festgelegt: Für Ebene C müssen mindestens zehn Indikatoren berichtet werden, wovon je einer aus Ökonomie, Ökologie und Gesellschaft stammen muss. Die Auswahl und Schwerpunktsetzung bleibt somit dem berichtenden Unternehmen überlassen. Es wäre beispielsweise denkbar, einen Indikator zur Ökonomie, einen zur Ökologie und acht Indikatoren zur Gesellschaft zu berichten. Zur Erreichung von Ebene B müssen insgesamt mindestens 20 Indikatoren berichtet werden, im Gegensatz zu Ebene C jedoch auch jeweils ein Indikator in jedem Unterthema der Gesellschaft. Auf Ebene A müssen alle Indikatoren nach dem Prinzip *comply or explain* berichtet werden, das heißt, Auslassungen müssen begründet werden.

Für einige Branchen gibt es darüber hinaus auch sog. **Sector Supplements**, die branchenspezifische Leistungsindikatoren enthalten. Derzeit gibt es diese Zusätze u. a. für Flughäfen, Finanzdienstleister, Lebensmittelhersteller, Stromanbieter oder NGOs (vgl. GRI 2012b, o. S.). Für die Transport- und Logistikbranche gibt es eine Pilotversion des Supplements. Dieser Zusatz richtet sich ausschließlich an Logistikdienstleister und schließt den Personenverkehr aus. Die Indikatoren aus dem Supplement können zusätzlich zu den Mindestanforderungen berichtet werden, sind jedoch weder für GRI G3/3.1 noch GRI G4 verpflichtend. Anzumerken ist auch, dass die Pilotversion in Anlehnung an die Richtlinien der Version G2 aus dem Jahr 2002 entwickelt worden ist und bisher nicht überarbeitet wurde (vgl. GRI 2012c, o. S.).

GRI G4

Um die GRI-Richtlinien zu aktualisieren und besser auf die Bedürfnisse der Benutzer abzustimmen, wurde zunächst eine breit angelegte Umfrage durchgeführt. Diese hat ergeben, dass als Schwerpunkt die Verbesserung der Benutzerfreundlichkeit nötig ist, um besonders Berichtsanfängern den Einstieg zu erleichtern. Um diese zu erreichen, wurde die Zahl der Anwendungsebenen reduziert. Es gibt bei GRI G4 nur noch zwei Anwendungsebenen: Core („Kern") und Comprehensive („umfassend"). Diese sind vom Umfang her vergleichbar mit Level B und A aus den GRI G3/3.1. Es wird ein gesteigerter Wert auf die Wesentlichkeit der einzelnen Themengebiete und Indikatoren gelegt, was dem Unternehmen eine größere Flexibilität und somit Umsetzbarkeit beziehungsweise Individualisierbarkeit ermöglichen soll (vgl. GRI 2013, S. 8, 11). Im Vergleich zu Anwendungsebene A muss zum Erreichen der Anwendungsebene Comprehensive nicht mehr jeder Indikator berichtet oder die Auslassung entsprechend begründet werden. Es müssen lediglich die Themen behandelt werden, die das Unternehmen für sich als für seine Nachhaltigkeitsleistung bedeutsam und wesentlich identifiziert hat (vgl. GRI 2012a, S. 1).

Die GRI-Richtlinien – sowohl die alte als auch die neue Version – beinhalten folgende **Prinzipien zur Berichterstattung**: Die Berichtsinhalte müssen wesentlich und vollständig sein, die Interessen der Stakeholder (= Anspruchsgruppen) berücksichtigen und im Nachhaltigkeitskontext stehen. Darüber hinaus sollte gewährleistet sein, dass die berichteten Informationen klar, genau, aktuell, vergleichbar und zuverlässig sind. Außerdem sollte eine Ausgewogenheit zwischen positiven und negativen Entwicklungen herrschen (vgl. GRI 2006b, S. 7, 14). Das bedeutet, dass das berichtende Unternehmen darauf achten muss, nicht ausschließlich positive Leistungen zu berichten und etwaige Probleme zu vernachlässigen. Auch Probleme und Herausforderungen müssen im Bericht thematisiert werden, um dem Zweck eines Nachhaltigkeitsberichts gerecht werden zu können.

EFFAS – Key Performance Indicators for Environmental, Social & Governance Issues
(vgl. DVFA und EFFAS 2010, S. 7 ff.) Der Leitfaden nach EFFAS gliedert sich in zwei Teile. Im ersten Teil werden die konzeptionellen Rahmenbedingungen der Nachhaltigkeitsberichterstattung und des Nachhaltigkeitsmanagements dargelegt. Im zweiten Teil finden sich die Key Performance Indicators (KPIs), unterteilt in zehn Sektoren und 114 Subsektoren.

Die *KPIs for ESG 3.0* wurden gemeinschaftlich von der Deutschen Vereinigung für Finanzanalyse und Asset Management e. V. (DFVA) und EFFAS entwickelt. Ziel dieser ist es, einen Standard zu schaffen, der die Bereiche Umwelt, Soziales und gute Unternehmensführung in die Finanzberichterstattung integriert und auch quantifiziert. Die KPIs richten sich insbesondere an börsennotierte Unternehmen, können aber auch von anderen Unternehmen oder Organisationen verwendet werden. Der Standard nach EFFAS geht davon aus, dass die Datenerhebung für die ESG (Economic, Social, Governance) nach den gleichen Standards der Finanzberichterstattung (zum Beispiel nach dem International Financial Reporting Standard (IFRS)) erfolgt. Da eine Quantifizierung nicht immer möglich ist, umfasst der EFFAS Standard an entsprechenden Stellen zusätzlich sog. *Key Performance Narratives* (KPN), die Raum für qualitative Antworten lassen.

11.2 Internationale Standards

EFFAS betont ausdrücklich, dass mit Anwendung dieses Standards bei der Berichterstattung ausschließlich die Interessen der Anspruchsgruppe der Investoren abgedeckt werden. Für alle anderen Anspruchsgruppen muss das anwendende Unternehmen separat prüfen, inwieweit zusätzliche Informationen nötig sind, um die Bedürfnisse und Anforderungen dieser im Bericht abzudecken. Der Leitfaden ist für alle kostenlos zugänglich, allerdings müssen anwendende Unternehmen in ihrem Bericht darauf hinweisen, dass die Berichtserstattung nach EFFAS erfolgt.

Aufgrund des allgemeinen Empfindens, dass eine gute Unternehmensführung nicht zwangsläufig zu einem höheren Gewinn oder besseren Image des Unternehmens führt, jedoch das Fehlen einer solchen zu spürbaren Verlusten führen kann, wird der Analyse und Integration von Chancen und Risiken in Bezug auf die ESG in die Unternehmensstrategie eine besondere Bedeutung zugemessen. Das berichtende Unternehmen soll sein Verständnis von Nachhaltigkeit deutlich machen und erläutern, welche Rolle diese in der Unternehmensstrategie spielt. Darüber hinaus soll erläutert werden, wie Nachhaltigkeit im Unternehmen umgesetzt wird. Dies kann durch das Einhalten von Verhaltenskodizes, Umweltrichtlinien beziehungsweise Managementsystemen und Gesundheits- und Arbeitsschutzvorgaben geschehen. Als Vorteil der Berichterstattung beziehungsweise des Bewusstseins über Chancen und Risiken sowie Stärken in Bezug auf Nachhaltigkeit, wird nach EFFAS unter anderem auch die relativ schnelle Reaktionsfähigkeit der Unternehmen auf neue Gesetze und Richtlinien genannt: Dadurch, dass sich das berichtende Unternehmen schon ausführlich mit der eigenen Nachhaltigkeitssituation beschäftigt hat, kann es sich besser anpassen und im Rahmen eines kontinuierlichen Verbesserungsprozesses weiterentwickeln. Darüber hinaus soll ein Unternehmen über die Relevanz der jeweiligen Nachhaltigkeitsaspekte für das Unternehmen berichten und einen Ausblick auf die zukünftige Relevanz geben.

Die Analyse der Relevanz der einzelnen Nachhaltigkeitsaspekte muss mit angemessenen Methoden erfolgen. EFFAS schlägt hier eine Portfolio-Analyse vor sowie eine Gegenüberstellung der Anforderungen der Anspruchsgruppen an die Nachhaltigkeit des Unternehmens gegenüber dem Einfluss und der Wichtigkeit der einzelnen Aspekte für die Unternehmensstrategie. Des weiteren empfiehlt EFFAS, das Nachhaltigkeitsbestreben beziehungsweise die Umsetzung regelmäßig durch externe Dritte bestätigen zu lassen, um die Glaubwürdigkeit des Berichts zu unterstreichen und einen Kontrollmechanismus zu haben und letztendlich somit Green-Washing zu vermeiden.

Die Datenerhebung, Themenauswahl und Berichtserstattung soll auf den folgenden Grundprinzipien erfolgen:

1. **Relevanz:** die Anforderungen der Berichtsempfänger sollten im Blick behalten und Themen entsprechend ausgewählt werden. Detail und Umfang können hierbei variieren. Die Berichtsgrenzen müssen jedoch deutlich gemacht werden.

2. **Transparenz:** Die dargestellten Informationen müssen konsistent, transparent und richtig sein und dürfen nicht von anderen aktuellen Publikationen des Unternehmens abweichen. Außerdem muss nachvollziehbar sein, wie die Daten zu Stande gekommen sind, um die Vergleichbarkeit mit anderen Unternehmen zu erleichtern beziehungsweise herstellen zu können.
3. **Kontinuität und Aktualität:** Die gelieferten Informationen müssen immer dem neuesten Stand entsprechen und mit den anderen Berichten (Jahres-/Geschäfts-/Finanzbericht) abgeglichen werden.

Die KPIs nach EFFAS sind in drei Kategorien unterteilt: Scope 1 – Entry Level, Scope 2 – Midlevel, und Scope 3 – High Level. Die Indikatoren in Scope 1 sind für die meisten Sektoren gleich und stellen die Minimumanforderungen an die Berichtserstattung dar. Weicht das berichtende Unternehmen von diesen ab, muss dies nach dem „comply or explain"-Prinzip begründet werden. Scope 2 und 3 umfassen Indikatoren, die Details abfragen. Im Gegensatz zu Scope 1 können in Scope 2 und 3 für jeden Sektor unterschiedlich viele oder auch gar keine – je nach Relevanz – Indikatoren enthalten sein. Diese müssen nicht alle berichtet werden, jedoch sollte das Ziel sein, so vollständig wie möglich zu berichten (vgl. EFFAS 2010, S. 1).

Die Transport- und Logistikbranche wird im Sektor „Industrials" mit den Subsektoren „2771 Delivery Services, 2773 Marine Transportation, 2775 Railroads, 2777 Transportation Services, 2779 Trucking" abgedeckt (vgl. DVFA und EFFAS 2010, S. 4).

Vergleich von GRI und EFFAS

Im Vergleich zu den GRI-Richtlinien bietet EFFAS branchenspezifischere Leistungsindikatoren an. Zwar bietet GRI beispielsweise für Transport und Logistik ein Supplement an, allerdings ist dieses erstens bislang nur eine Pilotversion und zweitens weniger gut gegliedert. Als potentieller Berichtsverfasser ist der Umfang der GRI-Richtlinien zunächst abschreckend, insbesondere, da man sich durch sehr umfangreiche Indikatorprotokolle arbeiten muss, um die passenden Indikatoren für das eigene Unternehmen zu finden. Erschwert wird dies dadurch, dass die Formulierungen allgemein gehalten und nicht immer beim ersten Lesen verständlich sind. Die von EFFAS gebotenen Indikatoren scheinen intuitiver und klarer strukturiert und lassen weniger Interpretationsspielraum. Daher kommt EFFAS auch ohne detaillierte Anleitung zur Erstellung der einzelnen Kennzahlen aus. Diese ist in den GRI-Richtlinien jedoch unverzichtbar, da ansonsten Missverständnisse auftreten können. Durch die Fülle an Informationen und den allgemein gehaltenen Indikatoren ist es zudem schwierig, die für die eigene Branche beziehungsweise das eigene Unternehmen relevanten Themen zu fokussieren und nicht abzuschweifen. Zum

11.2 Internationale Standards

Einstieg in die Nachhaltigkeitsberichterstattung ist EFFAS somit die zeitsparendere und weniger überwältigende Variante der beiden Standards. Ein weiterer Pluspunkt des EFFAS-Standards ist die quantitative Orientierung. Dadurch verringert sich die Gefahr des Green-Washings. Dennoch bleibt Raum für qualitative Antworten, die jedoch aufgrund der Umfangsbegrenzung durch die vorgegebene Wortanzahl konkret und auf den Punkt gegeben werden müssen. Bei den GRI-Richtlinien scheint es eher möglich, durch schwammige Antworten die Anforderungen an die Anwendungsebene, von der die Anzahl der zu berichtenden Leistungsindikatoren abhängig ist, zu erreichen. Dies wird insbesondere durch die Verweismöglichkeiten im GRI-Index ermöglicht und ist daher kritisch zu betrachten (vgl. Schunk 2009, S. 147). Hierzu ist anzumerken, dass diese Gefahr hauptsächlich für Berichte gilt, die nicht durch unabhängige Dritte geprüft werden, da hier der Kontrollmechanismus fehlt und ein gut gestalteter Bericht über fehlende Inhalte hinwegtäuschen könnte und somit Qualität und Vergleichbarkeit des Berichts minimiert. Gleiches gilt allerdings für jeden freiwilligen, nicht überprüften Standard. Als berichtendes Unternehmen sollte man in so einem Fall jedoch seine Motivation zur Berichtserstellung und seine Einstellung zur Nachhaltigkeit hinterfragen. Davon abgesehen kann diese fehlende Konsequenz bei der Umsetzung des Nachhaltigkeitsmanagements in der Praxis schnell negativ auffallen und die Reputation des Unternehmens nachhaltig beschädigen (vgl. Bay 2010, S. V).

Internationale Weiterentwicklungen

Aufgrund der Komplexität und Vielfältigkeit von Nachhaltigkeit werden aktuelle Standards und Richtlinien stetig weiterentwickelt, um sich den sich verändernden Gegebenheiten anpassen zu können und um Vorhandenes zu optimieren. Zwei dieser Ansätze werden im Folgenden aufgegriffen: Zum einen die Norm nach ISO 26000, welche sich schon im Anwendungsstadium befindet, und zum anderen der Integrated Reporting Framework der IIRC, der im Dezember 2013 veröffentlicht wurde.

ISO 26000

Die Norm DIN ISO 26000 ist ein „Leitfaden zur gesellschaftlichen Verantwortung von Organisationen" und wurde 2010 veröffentlicht. Ziel der Norm ist es, Unternehmen, aber auch Organisationen jeglicher Art und Größe, dazu zu ermutigen, Verantwortung für die Gesellschaft zu übernehmen und somit einen Beitrag zur Nachhaltigen Entwicklung zu leisten. Bei der Verwendung der Norm, welche freiwillig und nicht zertifizierbar ist, sollten neben gesellschaftlichen und ökologischen, auch wirtschaftliche, kulturelle, politische und rechtliche[1] Rahmenbedingungen berücksichtigt werden (vgl. ISO 26000 2011, S. 14). Somit eignet sich dieser Leitfaden auch als Orientierungs- und Umsetzungshilfe für Nachhaltigkeitsberichte, obwohl diese nicht das erklärte Ziel des Leitfadens sind.

Der Leitfaden gliedert sich in sieben Abschnitte: In den ersten vier Abschnitten wird Grundsätzliches, wie Begrifflichkeiten und Grundgedanken gesellschaftlicher Verantwortung, erläutert. In Abschnitt fünf wird dargestellt, wie gesellschaftliche Verantwortung umgesetzt und die relevanten Anspruchsgruppen ermittelt werden können. Darauf folgen Handlungsfelder zu den Kernthemen, die individuell an die jeweilige Situation angepasst werden können. Im letzten Abschnitt werden Handlungsempfehlungen zur Weiterentwicklung und zur Kommunikation gegeben. Im Anhang der ISO 26000 gibt es zusätzlich eine Übersicht über andere Organisationen, die Informationen und Hilfestellungen zu einzelnen Kernthemen geben (vgl. ISO 26000 2011, S. 6 ff.).

Die Kernthemen decken sich im Großen und Ganzen mit denen der anderen Standards: Organisationsführung, Menschenrechte, Arbeitspraktiken, Umwelt, faire Betriebs- und Geschäftspraktiken, Konsumentenanliegen und Einbindung und Entwicklung der Gemeinschaft. Es ist vorgesehen, dass in jedes Kernthema, wo zutreffend, auch ökonomische Aspekte eingebunden werden (vgl. ISO 26000 2011, S. 36).

Die Tatsache, dass die ISO 26000 ausdrücklich keine Zertifizierung vorsieht und dies als Missbrauch der Norm ansieht, unterscheidet sie deutlich von den anderen Standards. Dies ist nicht ausschließlich negativ zu sehen, da Unternehmen, die diese Norm umsetzen, somit eine höhere intrinsische Motivation haben müssen als solche, die allein durch die Erfüllung von Mindestanforderungen mit einer Zertifizierung ihr Image verbessern wollen (vgl. Bruton 2011, S. 40).

IIRC
Ein neues Konzept auf dem Markt der Berichtsstandards für Nachhaltigkeit hat das International Integrated Reporting Committee (IIRC) entwickelt. Dieses wurde im Herbst 2011 in einem Diskussionspapier veröffentlicht und wurde 2013 in einem Pilotprogramm weltweit getestet. Ziel ist es, einen global einheitlichen Standard zu schaffen und zu integrierter Berichterstattung überzugehen. Das heißt, dass der sog. Integrated Report (IR) der einzige Bericht eines Unternehmens werden soll, der von den gesetzlichen Anforderungen her dem jährlichen Geschäftsbericht entspricht. Dabei soll der Zusammenhang und Einfluss der einzelnen Aspekte – Öko-

---

[1] Eine ausführliche Analyse der bestehenden Gesetze in Deutschland und möglicher Auswirkungen durch internationale Gesetze zu allen Kernthemen findet sich in Bay 2010, S. 55 ff.

11.2 Internationale Standards

nomie, Ökologie, Soziales, Finanzen und Governance – aufeinander und auf den langfristigen Unternehmenserfolg verdeutlicht werden. Die Verknüpfung vom wirtschaftlichen Wert und vom nachhaltigen Wert des Unternehmens soll Strategiefindungs- und Entscheidungsprozesse erleichtern. Kernentwicklungen im Vergleich zu herkömmlichen Standards sind zum einen der Fokus auf die Informationsbedürfnisse von Investoren, das Hervorheben der langfristigen Auswirkungen durch heute getätigte Entscheidungen, und, damit einhergehend, ein Umdenken von einer auf einen kurzfristigen Zeithorizont, vergangenheitsorientierten Berichtserstattung hin zu einer langfristigen und zukunftsorientierten Betrachtungsweise (vgl. IIRC 2012, o.S.). Inhaltlich stützt sich die IIRC auf die gängigsten aktuellen Standards, mit dem Ziel, diese in einem Standard abzudecken (vgl. IIRC 2011, S. 7).

In der Mitte steht der Wertschöpfungsprozess (business model), der nach IIRC aus sechs Elementen besteht, die als Kapital bezeichnet werden und die den Kern des Berichts bilden: *financial capital* umfasst alle finanziellen Mittel des Unternehmens. Unter *manufactured capital* werden Gebäude, Gerätschaften und Infrastruktur zur Produktion von Gütern verstanden. Unter *human capital* werden Wissen und Erfahrung sowie Innovationsfähigkeit der Mitarbeiter verstanden. *Intellectual capital* ist alles, was zu einem Wettbewerbsvorteil führt, zum Beispiel Patente. Als *natural capital* werden einerseits die Ressourcen verstanden, die zur Produktion von Gütern eingesetzt werden, und andererseits der Einfluss des Unternehmens auf die Umwelt – sowohl positiv als auch negativ. Als *social capital* wird die Beziehung zu den verschiedenen Anspruchsgruppen sowie das Teilen gleicher Werte mit diesen verstanden (vgl. IIRC 2011, S. 11). Davon ausgehend soll auf die Chancen und Risiken, die Strategie, den Umgang mit Governance und Entlohnung, und die Leistung des Unternehmens eingegangen werden, immer unter Berücksichtigung der sechs Kernelemente. Außerdem soll ein Ausblick auf zukünftige Aktivitäten gegeben werden. Hierdurch sollen die Informationen verknüpft, die Anforderungen und Bedürfnisse der Anspruchsgruppen einbezogen und die strategische Ausrichtung fokussiert werden, was im Endergebnis zu mehr Transparenz, Konsistenz und Glaubwürdigkeit sowie Zukunftsorientierung führen soll.

Zum Diskussionspapier hat das IIRC zahlreiches Feedback erhalten. Zwei Einschätzungen, die die Meinung der europäischen Vertreter repräsentieren, sollen hier herausgestellt werden. Die Association of Chartered Certified Accountants (ACCA) äußert sich in ihrem Kommentar zum Diskussionspapier der IIRC positiv und lobt insbesondere die Ganzheitlichkeit der integrierten Berichterstattung. Dies wird durch Umfrageergebnisse der ACCA aus 2011 untermauert. In Bezug auf den Nutzen integrierter Berichte hat die Umfrage ergeben, dass 45 % der befragten Investoren sich einen einfacheren Entscheidungsfindungsprozess versprechen, 37 % der befragten Manager einen ganzheitlicheren und ehrlicheren Überblick über die Unternehmensleistung (vgl. Martin 2011, S. 2).

Kritik und Bedenken an dem Ansatz der integrierten Berichterstattung äußerten der Bankenverband und der Deutsche Sparkassen- und Giroverband in ihrem Kommentar zum Diskussionspapier. Während integrierte Berichterstattung im Allgemeinen als sehr interessant und zukunftsträchtig eingeschätzt wird, sind die Hauptbedenken, dass diese Art eine Informationsflut und mehr Arbeit mit sich bringen könnte, als dass sie einsparen würde. Insbesondere dadurch, dass börsennotierte Unternehmen durch die EU-Gesetzgebung (2004/109/EC) dazu verpflichtet sind, ihren Jahresbericht nicht später als vier Monate nach Ende des Geschäftsjahres zu veröffentlichen. Die Erstellung eines integrierten Berichts würde den zeitlichen Druck auf das berichtende Unternehmen zusätzlich erhöhen, da in gleicher Zeit eine höhere Informationsmenge verarbeitet werden müsste, um die Gesetze einzuhalten. Außerdem wird befürchtet, dass ohnehin weiterhin zweierlei Berichte angefertigt müssen, da die Berichtsempfänger eine getrennte Darstellung weiterhin vorziehen könnten (vgl. Wulfert 2011, o. S.).

Beide Argumentationen haben ihre Berechtigung. Die Umsetzung eines einzigen internationalen Standards, der alle drei Säulen der Nachhaltigkeit vollständig umfasst, ist noch Zukunftsmusik. Aufgrund der unterschiedlichen Gesetzgebungen und dem Stand der Berichterstattung im Allgemeinen, wird es schwierig sein, alle Beteiligten zufrieden zu stellen und den unterschiedlichen Anforderungen gerecht zu werden. Gerade in Deutschland könnte man, aufgrund der eben genannten Gründe, auf Widerstand seitens der Unternehmen stoßen, die schon jetzt auf einem hohen Niveau berichten. Dies gilt insbesondere für Großunternehmen und börsennotierte Unternehmen. Betrachtet man die Berichtssituation der kleinen und mittleren Unternehmen, dann sieht die Lage anders aus. Jedoch muss man bedenken, dass sich alle existierenden Standards vornehmlich an börsennotierte Unternehmen richten. Es wäre wohl vorerst sinnvoller, sich auf internationaler Ebene weiterhin auf Großkonzerne zu konzentrieren, da hier noch nicht in allen Ländern ein vergleichbares Niveau erreicht ist, aber sich auf nationaler oder EU-Ebene auch den KMU zu widmen, um diese ebenfalls zu Nachhaltigkeitsaktivitäten zu ermutigen. Langfristig aber müsste ein Umdenken seitens der Berichtsersteller und -empfänger, aber auch seitens der Legislative, stattfinden und integrierte Berichtserstattung zum verpflichtenden Standard werden, wenn eine ganzheitlich nachhaltige Entwicklung weltweit stattfinden soll. Der IIRC-Rahmen zur integrierten Berichterstattung bietet hierzu einen guten Ansatzpunkt, muss sich im Laufe der nächsten Jahre jedoch erst in der breiten Praxis bewähren.

11.3 Deutsche Richtlinien und Leitfäden

Mit steigender Bedeutung der Nachhaltigkeitsberichterstattung wird auch auf nationaler Ebene zunehmend versucht, einen Leitfaden als Standard zu etablieren beziehungsweise die beiden internationalen Standards den nationalen Gegebenheiten anzupassen und den Bedürfnissen entsprechend zu erweitern. In Deutschland gibt es dazu drei dominierende Leitfäden: den Deutschen Nachhaltigkeitskodex, die VDI-Richtlinie 4070 zum Nachhaltigen Wirtschaften und den Leitfaden des Bundesministeriums für Umwelt, Naturschutz, Bau und Reaktorsicherheit (BMUB). Diese drei werden im weiteren Verlauf vorgestellt.

Deutscher Nachhaltigkeitskodex
Der Deutsche Nachhaltigkeitskodex (DNK) ist ein freiwilliges Instrument, mit dem Unternehmen ihre Verantwortung transparent darstellen können. Der DNK wurde von dem Rat für Nachhaltige Entwicklung in Zusammenarbeit mit verschiedenen Anspruchsgruppen aus Wirtschaft, Politik und Gesellschaft im Jahr 2011 erstellt. Der Kodex stellt die Mindestanforderungen an ein Nachhaltigkeitsmanagement dar. Die Zielgruppe des Kodex ist breit angelegt: Sowohl Unternehmen der freien Wirtschaft, jeglicher Größe, als auch NGOs, öffentliche Unternehmen, Bildungseinrichtungen und Stiftungen sollen ihn anwenden können. Im Zuge der freiwilligen Selbstauskunft soll jedes Unternehmen, das den Kodex anwendet, frei entscheiden können, welche Teile des Kodex angewendet werden und welche nicht, und somit an die individuellen Bedürfnisse anpassen. Dies geschieht nach dem ‚comply or explain'-Prinzip. Eine Überprüfung durch externe Dritte ist hierbei nicht zwingend. Allerdings kann die Entsprechenserklärung durch eine externe Überprüfung bestätigt werden und somit die Glaubwürdigkeit steigern. Der Kodex wird als erfüllt angesehen, wenn nach GRI-Anwendungsebene A+ oder nach EFFAS Scope 3 erfüllt wurden (vgl. Rat für Nachhaltige Entwicklung 2012, S. 2 f., 20).

Durch diese Regelung wird sichergestellt, dass sowohl Unternehmen, insbesondere KMU, die sich bisher noch nicht mit Nachhaltigkeitsberichterstattung beschäftigt haben, als auch Unternehmen, die mit der Berichterstattung schon weit fortgeschritten sind, den Deutschen Nachhaltigkeitskodex nutzen können. Der intensive Dialog mit den verschiedensten Anspruchsgruppen während der Erstellung des Kodex und der positive Test auf Praxistauglichkeit durch verschiedene Unternehmen sind weitere Vorteile. Der Kodex basiert nicht nur auf einer thematischen Ganzheitlichkeit, sondern auch auf einer breiten Anwenderfreundlichkeit. Bisher ist dieses Vorgehen einmalig (Vgl. Bachmann 2011, S. 2).

Der Deutsche Nachhaltigkeitskodex gliedert sich in vier Hauptabschnitte: Strategie, Prozessmanagement, Umwelt und Gesellschaft. Jeder dieser Abschnitte umfasst weitere Teilabschnitte sowie entsprechende Hinweise auf die passenden Leistungsindikatoren aus GRI und EFFAS. Im Abschnitt **Strategie** soll das berichtende Unternehmen die Nachhaltigkeitsstrategie und -ziele darlegen. Der Abschnitt **Prozessmanagement** gliedert sich in Regeln und Prozesse, Anreizsysteme, Stakeholder-Engagement, und Innovations- und Produktmanagement. Der Abschnitt **Umwelt** befasst sich mit der Inanspruchnahme natürlicher Ressourcen. Die Treibhausgasemissionen sollen auf Basis des Greenhouse Gas Protocols (GHG) berichtet werden. Im Abschnitt **Gesellschaft** werden die Aspekte Arbeitnehmerrechte und Diversity, Menschenrechte, Gemeinwesen, Politische Einflussnahme und Korruption behandelt. Insgesamt beinhaltet der Kodex 27 Leistungsindikatoren aus den GRI-Richtlinien und 19 Leistungsindikatoren nach EFFAS, die als Kernanforderungen an Kennzahlen eines Berichtes angesehen werden. Die Wahl der Leistungsindikatoren ist von der Wahl der genutzten Berichtsgrundlage abhängig; es ist nicht vorgesehen, die beiden zu vermischen. Branchenspezifische Ergänzungen dürfen jedoch vorgenommen werden und sind erwünscht (vgl. Rat für Nachhaltige Entwicklung 2012, S. 6–15, 22).

Eine Besonderheit im Vergleich zu den vorgestellten internationalen Standards ist, dass in der Entsprechenserklärung zum Kodex zu allen Kriterien, je in maximal 500 Wörtern, Stellung genommen wird, wobei Verweise auf einen Nachhaltigkeitsbericht diese Anforderung nicht erfüllen (vgl. Rat für Nachhaltige Entwicklung 2012, S. 21). Dies bedeutet also für das Unternehmen mit vorhandenem Nachhaltigkeitsbericht einen zusätzlichen administrativen Aufwand.

VDI-Richtlinie 4070

Die VDI-Richtlinie 4070 ist eine ‚Anleitung zum Nachhaltigen Wirtschaften' für kleine und mittelständische Unternehmen. Sie wurde im Jahr 2006 vom Verein Deutscher Ingenieure (VDI) herausgegeben und besteht aus zwei Teilen. Im ersten Teil, der sowohl deutsch- als auch englischsprachig ist, werden die Anforderungen an Nachhaltiges Wirtschaften erläutert und im zweiten Teil anhand von Praxisbeispielen veranschaulicht. Ziel dieser Anleitung ist es, den Unternehmen praxisnah die wichtigsten Aspekte zu vermitteln, die nötig sind, damit das Unternehmen eigenständig Nachhaltigkeit in die bestehenden Geschäftsprozesse integrieren kann (vgl. VDI 2006, S. 2). Dies ist auch der Grund, weshalb diese Anleitung hier vorgestellt wird, obwohl sie primär kein Leitfaden zur Nachhaltigkeitsberichterstattung ist, sondern sich auf das Umsetzen von Nachhaltigkeit konzentriert. Gerade für KMU sind umfangreiche Standards wie EFFAS oder GRI zunächst abschreckend oder entsprechen, aufgrund des benötigten Zeitaufwands, nicht ihren Bedürfnissen und Möglichkeiten. Hier dient die VDI-Richtlinie als sehr guter und verständlicher Einstieg, der auch einen kurzen Hinweis zur Berichterstattung gibt.

11.3 Deutsche Richtlinien und Leitfäden

Die VDI-4070 ist in sechs Abschnitte gegliedert. Zunächst werden die grundlegenden Begriffe definiert. Anschließend werden Ziel und Zweck der Richtlinie, nämlich ein vereinfachtes Nachhaltigkeitsmanagementsystem für KMU zu schaffen, beschrieben, bevor der Nutzen des Nachhaltigen Wirtschaftens erläutert wird. Im vierten Abschnitt werden das methodische Vorgehen, das Managementsystem und die Nutzung der Kennzahlen genau beschrieben. Als Managementsystem liegt das PDCA-System (Plan, Do, Check, Act) zu Grunde, welches durch einen endlosen Kreislauf dieser vier Schritte in einem kontinuierlichen Verbesserungsprozess resultiert. Der letzte Schritt dieses Kreislaufs ist das Erstellen des Nachhaltigkeitsberichts. Im fünften Abschnitt werden die einzelnen Schritte des Kreislaufs genauer beschrieben, beispielsweise das Festlegen einer Nachhaltigkeitspolitik und Setzen der Nachhaltigkeitsziele, das Nachhaltigkeitsprogramm sowie Controlling und Audits. Im letzten Abschnitt werden Tipps zur Umsetzung, wie zum Beispiel die Einordnung des Nachhaltigkeitsmanagements im Organigramm des Unternehmens, gegeben. Im Anhang der VDI-4070 finden sich Kennzahlen für die drei Säulen Ökonomie, Ökologie und Soziales (vgl. VDI 2006, S. 2 ff.).

Im Vergleich zu den anderen Richtlinien, ist diese sehr übersichtlich und knapp gehalten, umfasst jedoch die wichtigsten Punkte, die für den Einstieg nötig sind. Dies ist für Neulinge auf diesem Gebiet sehr vorteilhaft. Fortgeschrittene und erfahrene Unternehmen können allerdings kaum bis keinen Nutzen aus dieser Richtlinie ziehen. Lediglich die Kennzahlen könnten nützlich sein, um diese mit denen im Unternehmen genutzten zu vergleichen und auf Vollständigkeit zu überprüfen.

BMUB-Leitfaden

2009 wurden vom BMUB Empfehlungen für eine gute Unternehmenspraxis in Form eines Leitfadens herausgegeben und sollen als Orientierungshilfe dienen. Zielgruppe sind hauptsächlich Einsteiger und Fortgeschrittene. Der 16-seitige Leitfaden hat einen übersichtlichen Aufbau. Nach Herausstellung der Wichtigkeit eines Nachhaltigkeitsberichts werden die Kerninhalte für Einsteiger zusammengefasst. Daran anschließend werden die GRI-Richtlinien kurz vorgestellt. Dieser Teil richtet sich insbesondere an börsennotierte Unternehmen. Auch die externe Überprüfung und die Glaubwürdigkeit eines Berichts werden thematisiert. Abschließend werden Anforderungen an Geschäftsberichte – auch hier sind insbesondere Großunternehmen angesprochen – gestellt und verschiedene Indikatoren, die es zu bedenken gilt, aufgezeigt (vgl. BMUB 2009, S. 4).

Aus dem Leitfaden geht hervor, dass Großunternehmen und auch große Mittelständler eigenständige Nachhaltigkeitsberichte gegenüber in den Geschäftsbericht integrierte Berichte vorziehen sollten, um die Transparenz für die Anspruchsgruppen zu erhöhen. Dies wird besonders für diejenigen Unternehmen empfohlen, die

„[…] in umweltsensiblen Branchen tätig sind, einen beträchtlichen Anteil ihrer Wertschöpfung ausgelagert haben oder über Standorte außerhalb Deutschlands verfügen" (BMUB 2009, S. 14).

Im Vergleich zu den beiden anderen vorgestellten Leitfäden aus Deutschland setzt der Leitfaden des BMUB sowohl auf die GRI-Richtlinien als auch auf eigene Kennzahlen und Indikatoren. Diese dienen jedoch nur zur Ergänzung. Außerdem richtet sich dieser Leitfaden vornehmlich an größere Mittelständler und börsennotierte Unternehmen. Dennoch können auch kleinere Unternehmen einen Nutzen aus diesem Leitfaden ziehen, da die wichtigsten Elemente, auch aus den GRI-Richtlinien, übersichtlich dargestellt sind, was den Einstieg in die Berichterstattung erleichtert.

11.4 Zusammenfassung

Während die internationalen Standards eine große Ähnlichkeit miteinander aufweisen, unterscheiden sich die nationalen Leitfäden erheblich voneinander. Der Deutsche Nachhaltigkeitskodex ist hierbei die sinnvollste nationale Anpassung der internationalen Standards, da er sowohl GRI als auch EFFAS berücksichtigt und dem berichtenden Unternehmen die Wahl des Berichtsstandards überlässt. Das erlaubt Flexibilität und bildet die Grundlage für bedarfsgerechte Nachhaltigkeitsberichte. Insbesondere der ausgiebige Dialog mit den Anspruchsgruppen ist hier hervorzuheben.

Da das Ziel, sowohl des Bundesumweltministeriums als auch des Vereins Deutscher Ingenieure, die Heranführung an die Nachhaltigkeitsberichterstattung beziehungsweise Nachhaltigkeitsmanagement im Allgemeinen ist, sind diese beiden nicht mit den internationalen Standards vergleichbar, da sie keine eigenständigen Anleitungen zur Berichterstattung darstellen, sondern diese lediglich erklären. Während die VDI-Richtlinie sich hauptsächlich an KMU richtet und weder auf GRI noch EFFAS basiert, richtet sich der BMUB-Leitfaden hauptsächlich an börsennotierte und große mittelständische Unternehmen. Dabei werden nur die GRI-Richtlinien zu Grunde gelegt.

Die ISO 26000 spielt eine eigene Rolle. Sie bietet keine neuen Erkenntnisse, sondern fasst vielmehr einen Großteil der bestehenden Regelwerke zusammen (vgl. Bay 2010, S. 153). Dies ist durchaus als Vorteil anzusehen, da sie die Kernthemen und Handlungsfelder konkreter erläutert und weniger Interpretationsspielraum hat, als beispielsweise die Anforderungen der GRI-Richtlinie bezüglich der Management-Ansätze. Daher wird die ISO 26000 sicherlich auch in zukünftige Entwicklungen einbezogen werden, ebenso wie der integrierte Ansatz der IIRC.

Literatur

Bachmann, G. (2011): The German Sustainability Code. A New Approach Linking Economy and Society onto the Pathway to Sustainability, Vortragsmanuskript, European Conference hosted by European Partners for the Environment (EPE) am 21.12.2011, Brüssel.

Bay, K. (Hrsg.) (2010): ISO 26000 in der Praxis. Der Ratgeber zum Leitfaden für soziale Verantwortung und Nachhaltigkeit, Darstellung, Diskussion und Analyse – Vergleiche zu bestehenden Regelungen – Umsetzungshinweise und Beispiele, München.

BMUB (2009): Nachhaltigkeitsberichterstattung: Empfehlungen für eine gute Unternehmenspraxis, 2. überarb. Aufl., Berlin.

Bruton, J. (2011): Unternehmensstrategie und Verantwortung. Wie ethisches Handeln Wettbewerbsvorteile schafft, Berlin.

DVFA/EFFAS (2010): KPIs for ESG. A Guideline for the Integration of ESG into Financial Analysis and Corporate Valuation, Version 3.0, Frankfurt am Main.

EFFAS (2010): KPIs for ESG 3.0 – Frequently Asked Questions, URL: http://www.effas-esg.com/wp-content/uploads/2011/07/KPIs_Frequently_Asked_Questions_2010_09_30_english.pdf, Abrufdatum: 16.02.2015.

GRI (2006a): GRI-Anwendungsebenen, URL: https://www.globalreporting.org/resourcelibrary/German-Application-Level-Table.pdf, Abrufdatum: 16.02.2015.

GRI (2006b): Leitfaden zur Nachhaltigkeitsberichterstattung, Amsterdam.

GRI (2012a): G4 Development – First Public Comment Period, 26 August – 24 November 2011, Full Survey Report, Amsterdam.

GRI (2012b): Sector Guidance, URL: https://www.globalreporting.org/reporting/sector-guidance/Pages/default.aspx, Abrufdatum: 16.02.2015.

GRI (2012c): Sector Guidance Pilot Versions, URL: https://www.globalreporting.org/reporting/sector-guidance/sector-guidance/pilot-versions/Pages/pilot-versions.aspx, Abrufdatum: 16.02.2015.

GRI (2013): G4 Sustainability Reporting Guidelines – Reporting Principles and Standard Disclosures; Amsterdam.

IIRC (2011): Towards Integrated Reporting. Communicating Value in the 21st Century, London.

IIRC (2012): About us, URL: http://www.theiirc.org/about/, Abrufdatum: 16.02.2015.

ILO (1998): Erklärung der IAO über grundlegende Prinzipien und Rechte bei der Arbeit und ihre Folgemaßnahmen. Angenommen von der Internationalen Arbeitskonferenz auf ihrer 86. Tagung, 18. Juni 1998, Genf.

ILO (2007): Die ILO auf einen Blick, Genf.

ILO (2015): ILO-Kernarbeitsnormen, URL: http://www.ilo.org/berlin/arbeits-und-standards/kernarbeitsnormen/lang--en/index.htm, Abrufdatum 16.02.2015.

ISO 26000 (2011): ISO 26000:2010 Leitfaden zur gesellschaftlichen Verantwortung, Berlin.

Martin, R. (2011): Kommentar zum Diskussionspapier des IIRC, London. URL: http://www.theiirc.org/wp-content/uploads/2012/02/ACCA-UK.pdf, Abrufdatum: 16.02.2015.

OECD (2011): OECD-Leitsätze für multinationale Unternehmen, Paris.

Rat für Nachhaltige Entwicklung (2012): Der Deutsche Nachhaltigkeitskodex. Empfehlungen des Rates für Nachhaltige Entwicklung und Dokumentation des Multistakeholderforums am 26.09.2011 in Frankfurt am Main, Bonn, Eschborn.

Repnik, H. (2011): Der Weg zum nachhaltigen Wirtschaften. Der Weg zum Deutschen Nachhaltigkeitskodex., Begrüßung beim Multistakeholderforum des Nachhaltigkeitsrates am 26.9.2011 in Frankfurt am Main, Frankfurt am Main.

Schunk, S. (2009): Unternehmensverantwortung und Kennzahlen. Bewertung und Darstellung von Corporate Citizenship-Maßnahmen, Marburg.

Sustainalytics (2012): Die Nachhaltigkeitsleistungen deutscher Großunternehmen. Ergebnisse des fünften vergleichenden Nachhaltigkeitsratings der DAX 30-Unternehmen 2011, Frankfurt am Main.

UN Global Compact (2011a): Corporate Sustainability in the World Economy, New York.

UN Global Compact (2011b): United Nations Global Compact Annual Review 2010, New York.

VDI (2006): VDI-4070 Nachhaltiges Wirtschaften in kleinen und mittelständischen Unternehmen – Anleitung zum Nachhaltigen Wirtschaften, Berlin.

Wulfert, I. (2011): Kommentar zum Diskussionspapier des IIRC, URL: http://www.theiirc.org/wp-content/uploads/2012/02/BVR-BdB-DSGV-Germany.pdf, Abrufdatum: 16.02.2015.

Zertifizierungs- und Validierungsmöglichkeiten

12

Um die Glaubwürdigkeit eines Nachhaltigkeitsberichts zu erhöhen, bietet es sich an, diesen durch unabhängige Dritte begutachten und zertifizieren zu lassen. Eine andere Form der Validierung ist die Teilnahme an Wettbewerben. Dieses Teilkapitel gibt einen Überblick über die Zertifizierungsmöglichkeiten und einige, auch für Logistikdienstleister relevante, Wettbewerbe.

12.1 Zertifizierung

Der Vorteil einer Zertifizierung ist, dass durch das Begutachten eines Nachhaltigkeitsberichts durch einen unabhängigen, externen Prüfer einerseits die Glaubwürdigkeit und Akzeptanz des Berichts bei dessen Zielgruppen gesteigert wird, und andererseits, dass der Berichtserstattungsprozess und die Nachhaltigkeitsaktivitäten durch das Feedback des Prüfers oftmals verbessert werden können (vgl. DVFA/EFFAS 2010, S. 12).

Im Jahr 2009 wurden 25 % der 2600 weltweit veröffentlichten Nachhaltigkeitsberichte zertifiziert. 64 % der zertifizierten Berichte wurden in Europa verfasst (vgl. Schunk 2009, S. 149).

Die Tab. 12.1 gibt eine Übersicht über die Zertifizierbarkeit der oben vorgestellten Richtlinien und Standards.

Da die Zertifizierung eines Nachhaltigkeitsberichts auch mit Kosten verbunden ist, muss jedes Unternehmen für sich entscheiden, ob es eine Zertifizierung anstrebt oder nicht. Es empfiehlt sich, das Kosten-Nutzen-Verhältnis einer Zertifizierung individuell abzuwägen.

© Springer Fachmedien Wiesbaden 2015
D. Lohre et al., *Nachhaltigkeitsmanagement für Logistikdienstleister*,
DOI 10.1007/978-3-658-03125-1_12

Tab. 12.1 Übersicht über die Zertifizierbarkeit der verschiedenen Standards

Standard	Ebene	Zertifizierbarkeit	Beschreibung
GRI	International (weltweit)	Ja	Derzeit gibt es zwei Versionen, G3/3.1 und G4. G3/3.1. kann noch bis Ende 2015 genutzt werden. G3/3.1: Wird der Bericht erfolgreich von externen Dritten überprüft, wird als Kennzeichnung ein + an die Anwendungsebene angehängt (A+, B+, C+)
EFFAS	International (Europa)	Ja	EFFAS richtet sich hauptsächlich an Großunternehmen. Aufgrund des stufigen Aufbaus der Anwendungslevel kann EFFAS aber auch von KMU genutzt werden. Vorteil ist, dass es branchenspezifische Kennzahlen gibt. Der Bericht auf Basis von EFFAS kann durch externe Dritte geprüft und bestätigt werden
ISO 26000	International (weltweit)	Nein	Die ISO 26000 bezieht sich ausschließlich auf die soziale Säule, daher eignet sie sich nicht als alleiniger Leitfaden zur Nachhaltigkeitsberichterstattung. Für den sozialen Bereich lohnt sich aber ein Blick in diese Norm. Eine Zertifizierung ist nicht vorgesehen und würde einen Missbrauch dieser Norm darstellen
DNK	National	Zum Teil	Der Deutsche Nachhaltigkeitskodex kombiniert GRI und EFFAS und ergänzt stellenweise um länderspezifische Aspekte. Die Bestätigung der Entsprechenserklärung ist möglich und gilt als erfüllt, wenn GRI A+ oder EFFAS Scope 3 erreicht sind
VDI 4070	National	Nein	Diese Richtlinie dient als Einstieg in das Nachhaltigkeitsmanagement
BMUB-Leitfaden	National	Nein	Dieser Leitfaden dient zur Orientierung und bietet einen Überblick über die Aspekte der Nachhaltigkeitsberichterstattung

Die oben genannten Zertifizierungsmöglichkeiten beziehen sich auf die Zertifizierung eines Nachhaltigkeitsberichts. Es ist auch möglich, einzelne Teilbereiche, beispielsweise das Qualitäts- oder Umweltmanagement nach ISO 9001 beziehungsweise ISO 14001 oder EMAS, zertifizieren zu lassen, um die Glaubwürdigkeit des Unternehmens zu unterstreichen. Diese werden an dieser Stelle nicht näher betrachtet, da die als Beispiel genannten Zertifizierungen mittlerweile branchenübergreifend als Standardanforderung anzusehen sind. Durch die Zertifizierung eines ganzheitlichen Nachhaltigkeitsberichts kann, zusätzlich zu den Zertifizierungen der Teilaspekte, die nachhaltige Ausrichtung eines Unternehmens hervorgehoben werden und momentan, je nach Branche, als positives Unterscheidungsmerkmal – statt einer Standardanforderung – gelten. Die Zertifizierung eines Nachhaltigkeitsberichts ist somit die bislang höchste Stufe der Nachhaltigkeitsprüfung in einem Unternehmen. Dabei muss bedacht werden, dass nicht lediglich der Bericht auf Stimmigkeit geprüft wird, sondern das ganze Unternehmen und seine Nachhaltigkeitsleistung. Ob eine Zertifizierung durchgeführt werden muss, ist letztlich auch von der Zielgruppe des Berichts abhängig: Während Banken und Investoren oft auf eine Zertifizierung bestehen, wird diese von Interessensverbänden und der Öffentlichkeit weniger geschätzt (vgl. BMUB 2009, S. 11).

12.2 Preise, Wettbewerbe und Rankings

Als Alternative beziehungsweise zusätzlich zu einer Zertifizierung – aber unabhängig von dieser – gibt es zahlreiche Wettbewerbe, Preisverleihungen und Rankings, welche die Nachhaltigkeitsleistung von Unternehmen bewerten und auszeichnen. Die Reichweite ist unterschiedlich, von lokal bis global, und die Art und die Qualität der Ausschreibungen variiert.

Im Folgenden werden einige Beispiele vorgestellt, die nach potentiellen Teilnahmemöglichkeiten für Logistikdienstleister ausgewählt worden sind.

12.2.1 Regionale Nachhaltigkeitspreise

So vielfältig wie die verschiedenen Leitfäden sind auch die Preise auf regionaler Ebene. Daher wird hier lediglich ein Preis aus der Region Mainfranken exemplarisch vorgestellt, da dieser auch für Logistikdienstleister geeignet ist. Entsprechende Möglichkeiten und Angebote müssten in der jeweiligen Region überprüft werden.

Der Nachhaltigkeitspreis Mainfranken ist ein regionaler Preis. Der Preis ist branchen- und größenunabhängig. Teilnahmeberechtigt sind alle Unternehmen und Behörden mit Sitz in der Region Mainfranken. Anhand verschiedener Bewertungskriterien wie nachhaltige Betriebsführung, Energiemanagement, Mobilität und Transport, Rohstoffe und gesellschaftliches Engagement wählt eine Fachjury die Preisträger aus, die nach Betriebsgröße klassifiziert sind (vgl. Nachhaltigkeitspreis Mainfranken 2012).

12.2.2 Deutscher Nachhaltigkeitspreis

Der Deutsche Nachhaltigkeitspreis wird seit 2007 jährlich vergeben. Er wird unter anderem von der Bundesregierung und dem Rat für Nachhaltige Entwicklung unterstützt. Der Preis wird für besonders herausragende Nachhaltigkeitsleistungen in vier verschiedenen Kategorien vergeben: Deutschlands Nachhaltigste Unternehmen/Marken/Zukunftsstrategien und Produkte/Dienstleistungen/Initiativen. In der Kategorie Zukunftsstrategien wird je ein Großunternehmen und ein KMU ausgezeichnet. In der Kategorie Produkte/Dienstleistungen/Initiativen werden bis zu drei Sonderpreise verliehen. Außerdem wird eine Einzelperson als Nachhaltigster Entrepreneur ausgezeichnet. Die Ermittlung der Preisträger findet in mehreren Schritten statt. Zunächst werden die von den Unternehmen eingereichten Fragebögen ausgewertet und in weiteren Schritten von einer Fachjury diskutiert und ausgewählt. Schließlich werden die Sieger und die Plätze zwei und drei bekannt gegeben. Eine Rangliste aller Teilnehmer wird nicht veröffentlicht. Teilnehmen kann jedes deutsche Unternehmen; allerdings entstehen Teilnahmegebühren, abhängig von der Unternehmensgröße, von 150 € bis zu 750 € zuzüglich Mehrwertsteuer (vgl. Stiftung Nachhaltigkeitspreis 2015).

Die Intention, einen Nachhaltigkeitspreis auf Bundesebene auszuloben, ist grundsätzlich positiv zu bewerten und stellt ein Zeichen für die Nachhaltigkeitsausrichtung Deutschlands dar (vgl. Bachmann 2011, S. 1). Allerdings könnten die zu zahlenden Teilnahmegebühren auch potenzielle Teilnehmer, insbesondere kleinere Unternehmen, abschrecken.

12.2.3 IÖW/future-Ranking

Seit 1994 bewertet das Institut für ökologische Wirtschaftsforschung (IÖW) und future e. V. alle zwei Jahre Nachhaltigkeitsberichte deutscher Großunternehmen und KMU. Ziel ist es, durch die unabhängige Bewertung einen konstruktiven Dialog zwischen den Anspruchsgruppen sowie den bewerteten Unternehmen anzuregen, um die Nachhaltige Entwicklung in Deutschland weiter voranzutreiben. Die Bewertung der Großunternehmen erfolgt anhand einer Stichprobe der 150 größten Industrie- und Dienstleistungsunternehmen. Die KMU werden separat betrachtet. In dieses Ranking fließen nicht nur Nachhaltigkeitsberichte, sondern auch Umwelt- und CSR-Berichte. Als nicht-berichtende Unternehmen werden lediglich diejenigen angesehen, die keinerlei öffentlich zugängliche Informationen zu Nachhaltigkeitsthemen in ihrem Unternehmen bereitstellen. Die Bewertung erfolgt anhand eines vom IÖW erstellten Kriterienkatalogs sowie ergänzender Branchenpapiere (vgl. IÖW/future 2009, S. 5 f., 12).

12.2 Preise, Wettbewerbe und Rankings

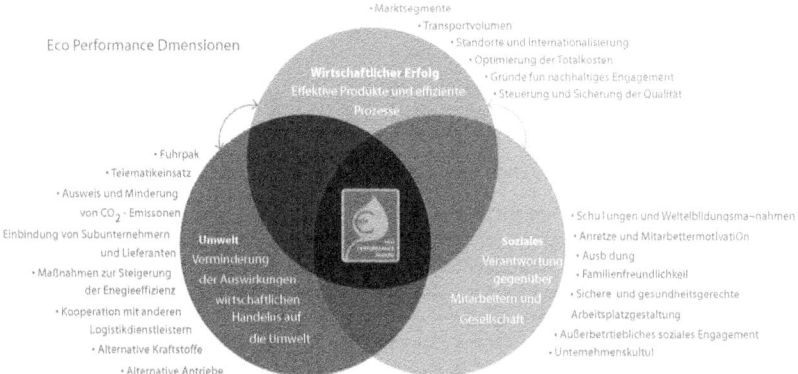

Abb. 12.1 Dimensionen des Eco Performance Awards (Eco Performance Award 2015, o. S.)

Ebenso wie die Wettbewerbe, stellt das IÖW/future-Ranking lediglich eine Stichprobe dar und liefert kein Gesamtbild. Im Vergleich zu den anderen ist jedoch als positiv zu bewerten, dass die Unternehmen systematisch und nach neutralen Kriterien ausgewählt werden und sich nicht bewerben müssen. Somit gibt das IÖW/future-Ranking einen objektiven Überblick.

12.2.4 Eco Performance Award

Der Eco Performance Award wird seit 2007 vom DKV Euro Service in enger Zusammenarbeit mit dem Lehrstuhl für Logistikmanagement der Universität St. Gallen ausgelobt. Zielgruppe sind Unternehmen mit Sitz in Europa, die im Straßengüter- und Werkverkehr tätig sind und über einen Fuhrpark von mindestens zehn LKW verfügen. Der mit 10.000 € dotierte Preis, der für inner- oder außerbetriebliche Projekte im Bereich Umwelt oder Soziales verwendet werden soll, wird je in der Kategorie KMU und Großunternehmen verliehen. Die Einteilung dabei richtet sich unter anderem nach der Fuhrparkgröße: Weniger als 50 LKW im Fuhrpark zählen zu KMU und mehr als 50 zu Großunternehmen. Ziel des Eco Performance Awards ist es, Transportunternehmen auszuzeichnen, die ein ganzheitliches Nachhaltigkeitskonzept in ihren Unternehmensalltag integriert haben (vgl. Eco Performance Award 2015, o. S.). Die Abb. 12.1 zeigt die Dimensionen, die dem ganzheitlichen Bewertungsansatz des Eco Performance Awards zu Grunde liegen.

Von den vorgestellten Wettbewerben und Rankings eignet sich der Eco Performance Award somit am besten für Logistikdienstleister mit eigenem Fuhrpark.

Bezogen auf die Bewertungsgrundlagen entspricht dieser Preis bisher am besten dem Grundgedanken der Nachhaltigkeit.

Literatur

Bachmann, G. (2011): The German Sustainability Code. A New Approach Linking Economy and Society onto the Pathway to Sustainability, Vortragsmanuskript, European Conference hosted by European Partners for the Environment (EPE) am 21.12.2011, Brüssel.
BMUB (2009): Nachhaltigkeitsberichterstattung: Empfehlungen für eine gute Unternehmenspraxis, 2. überarb. Aufl., Berlin
DVFA/EFFAS (2010): KPIs for ESG. A Guideline for the Integration of ESG into Financial Analysis and Corporate Valuation, Version 3.0, Frankfurt am Main.
Eco Performance Award (2015): URL: http://www.eco-performance-award.com, Abrufdatum: 16.02.2015.
IÖW/future e. V. (2009): Das IÖW/future-Ranking der Nachhaltigkeitsberichte 2009. Ergebnisse und Trends, Berlin, Münster.
Nachhaltigkeitspreis Mainfranken (2012): Bewerbungsbogen, URL: http://www.mainfranken.org/media/www.mainfranken.org/org/med_818/1418_bewerbungsbogen_nachhaltigkeitspreis_2012.pdf, Abrufdatum: 16.02.2015.
Schunk, S. (2009): Unternehmensverantwortung und Kennzahlen. Bewertung und Darstellung von Corporate Citizenship-Maßnahmen, Marburg.
Stiftung Nachhaltigkeitspreis.de (2015): URL: http://www.nachhaltigkeitspreis.de/, Abrufdatum: 16.02.2015.

Teil IV
Praxisleitfaden zur Nachhaltigkeitsberichterstattung – In fünf Schritten zum Nachhaltigkeitsbericht

In diesem Teil sollen die bisherigen Erkenntnisse zu einem Praxisleitfaden zur Nachhaltigkeitsberichterstattung für Logistikdienstleister zusammengeführt werden. Der Leitfaden ist sowohl für Einsteiger als auch Fortgeschrittene bestimmt, richtet sich aber insbesondere an KMU.

Die fünf Schritte zum Nachhaltigkeitsbericht finden sich in folgender Abbildung. Streng genommen handelt es sich dabei um einen sich wiederholenden Kreis-lauf, in dem jeweils fünf Phasen durchlaufen werden.

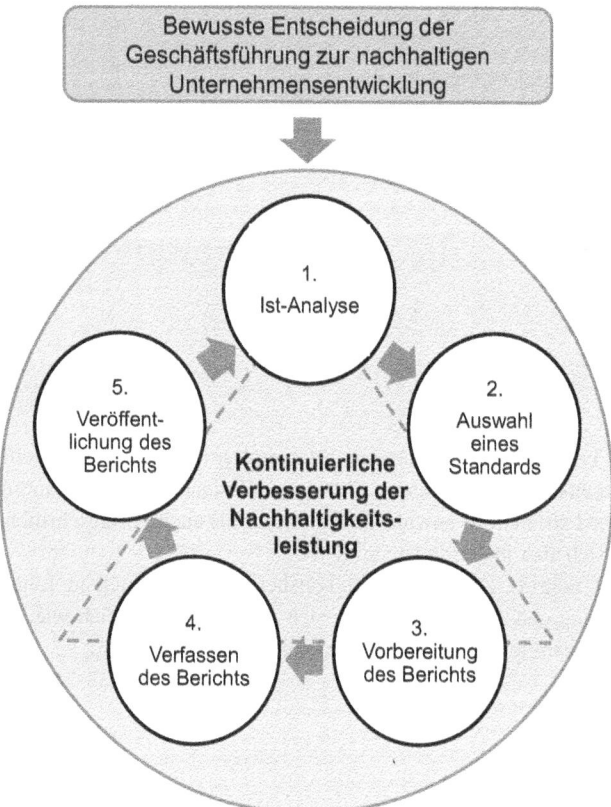

Fünf Schritte zum Nachhaltigkeitsbericht

An erster Stelle steht die bewusste Entscheidung der Geschäftsführung zur nachhaltigen Unternehmensentwicklung. Die Unterstützung und der Einsatz der obersten Entscheidungsorgane ist die Voraussetzung für das Durchsetzen einer Nachhaltigkeitsstrategie. Die Grundlage für einen qualitativ hochwertigen Nachhaltigkeitsbericht ist die Zustimmung der Führungsetage. Steht diese hinter dem Vorhaben, fällt vieles leichter: Prozesse und Systeme zur Datensammlung und Identifizierung von wesentlichen Aspekten müssen mit der Geschäftsleitung abgestimmt werden. Hierbei spielt besonders die Balance und Transparenz über Erfolge und Misserfolge eine Rolle. Außerdem können nötige Kapazitäten und Ressourcen mit Unterstützung von oben einfacher beschafft werden (vgl. KPMG 2013, S. 40ff.).

Teil IV Praxisleitfaden zur Nachhaltigkeitsberichterstattung 105

Allerdings ist es ebenso wichtig, die Mitarbeiter an Bord zu holen und für die neue Strategie zu begeistern.
Darauf folgen zunächst die fünf Schritte, die zum Nachhaltigkeitsbericht führen. Da das Konzept der nachhaltigen Entwicklung an sich schon eine langfristige Orientierung impliziert, sollten die fünf Schritte regelmäßig wiederholt werden, um eine kontinuierliche Verbesserung der Nachhaltigkeitsleistung des Unternehmens zu gewährleisten.
Im Einzelnen beinhalten die Schritte die in der Abbildung aufgeführten Punkte. Diese werden in den folgenden Kapiteln im Detail erläutert.

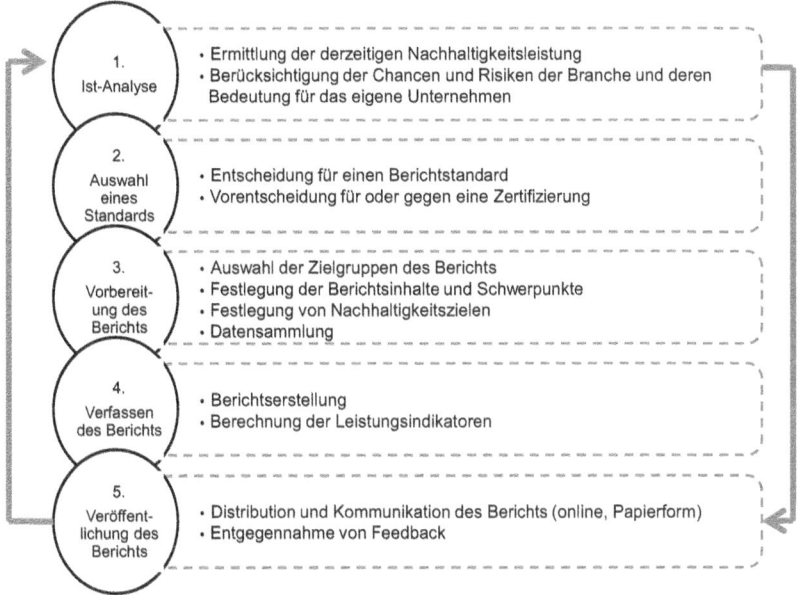

Die fünf Schritte zum Nachhaltigkeitsbericht und ihre Aufgaben

Ist-Analyse und Verankerung der Nachhaltigkeit in die Unternehmensstrategie

Als Ausgangspunkt muss zunächst Transparenz über den Status quo des eigenen Unternehmens geschaffen werden. Die Chancen und Risiken der Logistikbranche sowie deren Einfluss auf das eigene Unternehmen müssen ebenfalls berücksichtigt werden. Kombiniert man nun Stärken, Schwächen, Chancen und Risiken, kann basierend auf dem ermittelten Status quo der nächste Schritt in Angriff genommen werden und eine Nachhaltigkeitsstrategie entwickelt und mit Hilfe eines Nachhaltigkeitsprogramms umgesetzt werden.

13.1 Ermittlung der marktseitigen Chancen und Risiken

Um eine Nachhaltigkeitsstrategie aufstellen zu können, ist es nötig, sich einen Überblick über die wichtigsten äußeren Einflussfaktoren zu verschaffen. Abbildung 13.1 zeigt ökologische und soziale Nachhaltigkeitsaspekte, die weltweit branchenübergreifend in Nachhaltigkeitsberichten thematisiert werden.

Es wird deutlich, dass derzeit die ökologischen Aspekte die größere Rolle spielen. Dennoch sollten auch die sozialen Aspekte nicht außer Acht gelassen werden. Gerade der demographische Wandel und der u. a. darin begründete Arbeitskräftemangel stellen insbesondere für Logistikdienstleister ein großes Risiko dar.

Um Chancen und Risiken zu ermitteln, sollte überlegt werden, wie jeder einzelne Aspekt das Unternehmen positiv oder negativ beeinflussen kann. Aus den positiven Einflüssen können die Chancen abgeleitet werden und aus den negativen die Risiken.

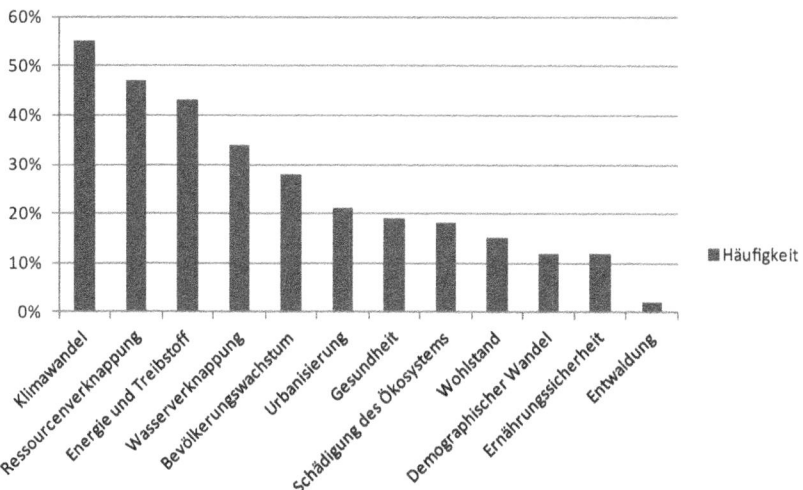

Abb. 13.1 Häufigkeit der berichteten Nachhaltigkeitsaspekte der G250 (Quelle: KPMG 2013, S. 49)

Prinzipiell lassen sich die Risiken in Bezug auf Nachhaltigkeit in sechs Kategorien einteilen: *physische Risiken*, also solche, die körperlich wahrgenommen werden können, wie zum Beispiel Zerstörung von Unternehmensgebäuden durch Naturkatastrophen; *Wettbewerbsrisiken* durch sich schnell ändernde Marktgegebenheiten und zunehmende Preisvolatilität; *regulatorische und gesetzliche Risiken* durch die ein Unternehmen mit neuen Regulierungen und Auflagen konfrontiert werden könnte; *Reputationsrisiken* durch die der Ruf geschädigt werden könnte; und *soziale Risiken*, wie zum Beispiel Streiks. Weltweit wurden in der Transportbranche mit Abstand am häufigsten regulatorische Risiken identifiziert (vgl. KPMG 2013, S. 49 ff.).

In Teil II wurden ausführlich die branchenspezifischen Schlüsselthemen der Nachhaltigkeit vorgestellt. Aus diesen können individuell die zutreffenden Chancen und Risiken, die sich für das eigene Unternehmen ergeben, abgeleitet werden.

13.2 Ermittlung der derzeitigen Nachhaltigkeitsleistung im Unternehmen

Durch die Analyse der marktseitigen Chancen und Risiken sind die wichtigen Nachhaltigkeitsthemen und Trends – sowohl branchenübergreifend als auch branchenspezifisch – nun bekannt. Um den Stand der Nachhaltigkeit innerhalb des

Unternehmens herauszufinden, ist es nötig, sich einige Fragen zu stellen. Dabei sollte die Nachhaltigkeit immer im Blick behalten werden.

Ein nützliches Instrument ist die Stärken-Schwächen-Analyse.[1] Hierbei sollten einerseits die Stärken herausgearbeitet werden, um zu wissen, welche Voraussetzungen bereits vorhanden sind, die ausgebaut werden können. Andererseits sollten die Schwächen identifiziert werden, um sich über das Verbesserungspotenzial bewusst zu werden. Es ist ratsam, die Erkenntnisse der Analyse strukturiert festzuhalten, um die weiteren Schritte zur Erstellung eines Nachhaltigkeitsprogrammes zu vereinfachen und übersichtlicher zu gestalten.

Folgende Fragen (vgl. Heinrich und Schmidpeter 2013, S. 5) sollten beantwortet werden:

- Welche Kernkompetenzen hat das Unternehmen? Worin besteht das Kerngeschäft?
- Wie sehen die Wertschöpfungskette und die Kernprozesse aus?
- Welche Werte und Tugenden hat das Unternehmen?
- Wo liegen die Stärken des Unternehmens? Welche Stärken sollen bewahrt werden?
- Wo liegen die Schwächen des Unternehmens?

Wichtig ist dabei, die Nachhaltigkeit und die Auswirkung des Unternehmens auf die einzelnen Aspekte immer im Blick zu haben. Um den weiteren Prozess zu vereinfachen und schon hier vorbereitende Maßnahmen für den Nachhaltigkeitsbericht zu treffen, sollten die Nachhaltigkeitspunkte priorisiert und nach Wesentlichkeit geordnet werden.

13.3 Erstellung eines Nachhaltigkeitsprogrammes

Ist der Status quo des Unternehmens identifiziert und analysiert, kann nun der nächste Schritt folgen: Die Erstellung eines Nachhaltigkeitsprogrammes. Ein solches Programm ist vergleichbar mit dem Umweltprogramm bei der Einführung eines Umweltmanagementsystems. Es setzt sich zusammen aus der Nachhaltigkeitsstrategie, den Nachhaltigkeitszielen und den Maßnahmen, die zur Zielerreichung umgesetzt werden sollen.

---

[1] Hilfreiche Fragen zur Einschätzung der Stärken und Schwächen finden sich u. a. in Bay 2010, S. 197 ff. (mehrere Themen umfassend) oder in der Green Toolbox des BME mit Schwerpunkt Grüner Logistik.

13.3.1 Aufstellung der Nachhaltigkeitsstrategie

Die Nachhaltigkeitsstrategie soll den roten Faden in die Zukunft darstellen und muss fest in der Unternehmensstrategie verankert werden. Hierzu müssen sich grundlegende Gedanken zur Nachhaltigkeit im Unternehmen gemacht werden. Die Strategie sollte folgende Aspekte beinhalten:

- Grundsätzliches Verständnis der Nachhaltigkeit
- Unternehmenswerte und Leitbild
- Vision und Missionen

Zunächst muss es ein einheitliches, grundsätzliches Verständnis von Nachhaltigkeit geben, zu dem sich auch das Management selbst verpflichtet und nach diesen Grundsätzen agiert. Daraus ergeben sich die Unternehmenswerte, welche teilweise schon aus der Ist-Analyse vorhanden sein können. Diese sollten überprüft und hinterfragt werden, ob damit eine nachhaltige Zukunft erreicht werden kann oder ob diese angepasst oder ergänzt werden sollten. Die Unternehmenswerte und das Leitbild sollen für das ganze Unternehmen gelten und sollten von allen akzeptiert und gelebt werden. Daher ist es sinnvoll, auch die Mitarbeiter in den Strategiefindungsprozess einzubeziehen. Gemeinsam können dann Visionen und Missionen entwickelt werden.

13.3.2 Definition und Aufstellung von Nachhaltigkeitszielen

Die Zielsetzung ist wichtig, um die Verbesserung der Nachhaltigkeitsleistung voranzutreiben und gleichzeitig einen Kontrollmechanismus zu haben, anhand dessen die Zielerreichung, beispielsweise im nächsten Bericht, überprüft und aufgegriffen werden kann. Konkrete Ziele können dabei helfen, die Nachhaltigkeit im Unternehmen fester zu verankern. Bei der Zielsetzung ist zu beachten, dass diese realistisch sein muss und in einem vorgegeben Zeitraum umgesetzt werden sollte. Eine Kombination von kurz-, mittel- und langfristigen Zielen ist sinnvoll und trägt ebenfalls zur Glaubwürdigkeit bei.

Bei der Formulierung der Ziele ist darauf zu achten, dass sie SMART sind:

- spezifisch: das Ziel muss eindeutig sein
- messbar: der Erfolg muss anhand von Zahlen überprüfbar sein
- angemessen und akzeptiert: die Ziele sollten möglichst von allen anerkannt und unterstützt werden
- realistisch: das Ziel muss erreichbar sein

13.3 Erstellung eines Nachhaltigkeitsprogrammes

- terminierbar: es muss deutlich werden, in welchem Zeitrahmen das Ziel erreicht sein soll

Die Tab. 13.1 zeigt beispielhaft, wie die Nachhaltigkeitsziele eines Logistikdienstleisters aussehen könnten und anhand von konkreten Maßnahmen zu einem Nachhaltigkeitsprogramm kombiniert werden können.

Tab. 13.1 Beispiel für mögliche Nachhaltigkeitsziele eines Logistikdienstleisters (eigene Darstellung)

Dimension	Ziel	Maßnahme	Priorität	Verantwortlicher	Frist	Status
Ökonomie	Effizienzsteigerung um 5% innerhalb von 12 Monaten	Optimierung der Auslastung (Steigerung des Ladefaktors um 3%)	1	Disposition	31.12.2014	Wird umgesetzt
		Reduzierung der Leerfahrten um 2,5%	1	Disposition	31.12.2014	Zu 50% erreicht
Ökologie	Senkung der Emissionen um 3% in 12 Monaten	Ersetzen aller EURO III durch EURO V Fahrzeuge	1	Fuhrparkleiter	31.12.2014	Zu 75% erreicht
		Regelmäßige Fahrerschulungen zu umweltschonender Fahrweise	1	Fuhrparkleiter	31.12.2014	Wird umgesetzt
		Schaffung zusätzlicher Anreize durch Einführung einer Fahrerliga	2	Personalabteilung	31.12.2014	Noch in Planung
Soziales	10 neue Auszubildende für das kommende Ausbildungsjahr gewinnen	Besuch von 2 Ausbildungsmessen	2	Personalabteilung	31.01.2015	Noch in Planung
		Informationsveranstaltungen an 4 ortsansässigen Schulen	1	Personalabteilung	31.01.2015	Zu 25% erreicht

13.3.3 Bewertung und Auswahl geeigneter Maßnahmen

Um aus der Fülle der möglichen Maßnahmen die für das eigene Unternehmen geeignetsten Maßnahmen herauszufiltern, ist es ratsam, eine Nutzwertanalyse durchzuführen und die identifizierten Maßnahmen zu priorisieren.

Zunächst muss die grobe Zielrichtung feststehen. Hierzu sind die Ergebnisse der Ist-Analyse sowie die Nachhaltigkeitsstrategie sinnvoll. Die Frage, was mit dem Nachhaltigkeitsprogramm erreicht werden soll und an welchen Stellen im Unternehmen etwas unternommen werden kann, um die Nachhaltigkeit im Unternehmen zu verbessern, ist zentral.

Als nächstes gilt es zu überlegen, welche Maßnahmen durchgeführt werden könnten, um die Nachhaltigkeitszielsetzungen zu erreichen. Dabei ist es wichtig, die Auswirkungen der Maßnahme auf die Nachhaltigkeit zu berücksichtigen (Leitfrage: Wirkt sich die Maßnahme stark oder schwach auf die Nachhaltigkeit aus?). Auch die Umsetzbarkeit der Maßnahmen spielt eine Rolle. Jede Maßnahme sollte dahin überprüft werden, mit welchem Schwierigkeitsgrad sie umgesetzt werden kann. Darüber hinaus ist auch die Wirtschaftlichkeit von hoher Bedeutung. Es sollte für jede Maßnahme geprüft werden, wie groß der zeitliche und finanzielle Aufwand ist, um die Maßnahme umzusetzen. Anschließend muss dieser Aufwand ins Verhältnis zum Nutzen gestellt und überprüft werden, ob sich die Umsetzung im Vergleich zur Nachhaltigkeitsauswirkung lohnt. Das Ergebnis daraus ist der sog. Nutzwert.

Im letzten Schritt muss eine Priorisierung der als geeignet identifizierten Maßnahmen vorgenommen werden. Aus dieser ergibt sich, in welcher Reihenfolge die Maßnahmen umgesetzt werden sollen. Es sollte bewusst sein, dass nicht alle Maßnahmen auf einmal durchgeführt werden müssen. Vielmehr sollten nur so viele Maßnahmen durchgeführt werden, wie in einem angemessenen Zeitraum realisierbar sind. Ansonsten droht das Vorhaben zu scheitern.

In Abb. 13.2 ist beispielhaft eine Nutzwertanalyse für die Dimension ‚Ökologie' dargestellt. Analog dazu können auch die Maßnahmen im Bereich Ökonomie und Soziales bewertet und priorisiert werden. Es ist zu beachten, dass die Werte in der Tabelle lediglich als Beispiel dienen und nicht übernommen werden sollten, da der Nutzwert und die Priorisierung für jedes Unternehmen unterschiedlich sind.

Zur Bewertung der Nachhaltigkeitsauswirkung, der Umsetzbarkeit und der Wirtschaftlichkeit eignet sich eine Skala von 1 bis 5, wobei diese für Folgendes stehen:

- 1 für eine sehr geringe Nachhaltigkeitsauswirkung/sehr schwere Umsetzbarkeit/sehr geringe Wirtschaftlichkeit.

13.3 Erstellung eines Nachhaltigkeitsprogrammes

Zielsetzung	Unternehmens-bereich	Mögliche Maßnahme	Mögliche Nachhaltigkeits-auswirkung	Umwelt-auswir-kung	Umsetz-barkeit	Wirtschaft-lichkeit	Nutzwert	Priorität
Treibstoff-verbrauch senken	Fuhrpark	Fahrzeugbeschaffung nach ökologischen Aspekten	Reduzierung des Treibhausgas-effektes, Einsparung von nicht erneuerbaren natürlichen Ressourcen	5	4	4	13	3
Treibstoff-verbrauch senken	Fuhrpark	Fahrerschulung	Reduzierung des Treibhausgas-effektes, Einsparung von nicht erneuerbaren natürlichen Ressourcen	5	5	5	15	1
Treibstoff-verbrauch senken	Fuhrpark	Fahrerliga	Reduzierung des Treibhausgas-effektes, Einsparung von nicht erneuerbaren natürlichen Ressourcen	5	5	4	14	2
Energie-verbrauch senken	Gebäude	Überprüfung der Gebäudeisolierung	Einsparung von Ressourcen, Steigerung der Energieeffizienz	4	4	4	12	5
Energie-verbrauch senken	Gebäude	Wartung der Heizungsanlage	Einsparung von Ressourcen, Steigerung der Energieeffizienz	3	5	4	12	4

Abb. 13.2 Beispiel einer Nutzwertanalyse für Maßnahmen im Bereich Ökologie (eigene Darstellung)

- 2 für eine geringe Nachhaltigkeitsauswirkung/schwere Umsetzbarkeit/geringe Wirtschaftlichkeit
- 3 für eine mittelmäßige Nachhaltigkeitsauswirkung/mittelschwere Umsetzbarkeit/mittelmäßige Wirtschaftlichkeit
- 4 für eine hohe Nachhaltigkeitsauswirkung/leichte Umsetzbarkeit/hohe Wirtschaftlichkeit
- 5 für eine sehr hohe Nachhaltigkeitsauswirkung/sehr leichte Umsetzbarkeit/ sehr hohe Wirtschaftlichkeit.

Aus der Summe der Nachhaltigkeitsauswirkung, der Umsetzbarkeit und der Wirtschaftlichkeit ergibt sich der Nutzwert. Je höher der Nutzwert einer Maßnahme, desto geeigneter ist diese für das Unternehmen.

Die Priorisierung sollte numerisch, angefangen bei 1 mit höchster Priorität, erfolgen.

Literatur

Bay, K. (Hrsg.) (2010): ISO 26000 in der Praxis. Der Ratgeber zum Leitfaden für soziale Verantwortung und Nachhaltigkeit, Darstellung, Diskussion und Analyse – Vergleiche zu bestehenden Regelungen – Umsetzungshinweise und Beispiele, München.

Heinrich, P./Schmidpeter, R. (2013): Wirkungsvolle CSR-Kommunikation – Grundlagen, in: Heinrich, P. (Hrsg.) (2013): CSR und Kommunikation. Unternehmerische Verantwortung überzeugend vermitteln, Heidelberg, S. 1–26.

KPMG (2013): The KPMG Survey of Corporate Responsibility Reporting 2013, o. O.

Auswahl eines Berichtsstandards und Vorbereitung des Berichts

14.1 Auswahl eines Standards

Nachdem man sich einen Überblick über den derzeitigen Status quo im Unternehmen verschafft und idealerweise ein Nachhaltigkeitsprogramm erstellt hat, ist der nächste Schritt die Auswahl eines Berichtsstandards, nach dem der Nachhaltigkeitsbericht verfasst werden soll. Die Auswahl sollte sich an dem Ergebnis der Ist-Analyse orientieren: Ist das Unternehmen schon länger nachhaltig aktiv und hat vielleicht schon einen Bericht verfasst, sollte ein vollwertiger Nachhaltigkeitsbericht nach einem der dargestellten Standards angestrebt werden.

Ist das Unternehmen noch unerfahren und möchte einen Einstieg finden, kann es sinnvoll sein, zunächst nur einen formlosen Lagebericht zur Nachhaltigkeit im Unternehmen zu erstellen. Formlos in dem Sinne, dass keine Kriterien der untersten Anforderungsebenen von EFFAS, GRI oder dem Deutschen Nachhaltigkeitskodex erfüllt werden, jedoch die Kernelemente durchaus in Betracht gezogen werden. Auch die VDI-Richtlinie 4070 bietet sich als gute Alternative an, wenn noch kein Nachhaltigkeitsbericht verfasst werden soll oder kann. Im Lagebericht kann die Nachhaltigkeitsstrategie des Unternehmens festgehalten und das weitere Vorgehen näher erläutert werden. Es sollten auch erste Ziele gesetzt werden. Der Vorteil bei diesem Vorgehen ist, dass keine Leistungsindikatoren berichtet werden müssen, die ggf. noch gar nicht vorhanden sind. Trotzdem kann durch diesen Lagebericht schon mit den Anspruchsgruppen kommuniziert werden.

Strebt das Unternehmen eine Zertifizierung oder Validierung des Nachhaltigkeitsberichts an, sollten entweder die GRI-Richtlinien oder der EFFAS-Standard verwendet werden, da der Deutsche Nachhaltigkeitskodex ebenfalls auf diesen basiert und als erfüllt gilt, wenn die höchste Anwendungsebene von GRI oder EFFAS erfüllt ist. Logistikspezifische Kennzahlen können über die jeweiligen Mindestanforderungen beider Standards hinaus beliebig ergänzt werden.

Ob das Unternehmen seinen Nachhaltigkeitsbericht durch externe Dritte überprüfen lässt, kommt auf die jeweilige Situation und die Bedürfnisse des Unternehmens an. Bei einem sehr kleinen Unternehmen, einem ersten Nachhaltigkeitsbericht oder auch bei einem Lagebericht ist die externe Überprüfung nicht sinnvoll, da hier die Kosten den Nutzen, nämlich eine höhere Glaubwürdigkeit des Berichts und somit des Unternehmens, übersteigen. In diesen Fällen können die eingesparten Kosten lieber in Nachhaltigkeit fördernde Maßnahmen investiert werden. Die GRI hat festgestellt, dass die Wahrscheinlichkeit, dass ein Bericht mit der höchsten bzw. umfassendsten Anwendungsstufe durch externe Dritte überprüft wurde, drei Mal so hoch ist, wie eine Überprüfung eines Berichts der niedrigsten Stufe (vgl. GRI 2012d, S. 13). Als Faustregel kann man also sagen, je höher die Anwendungsstufe, desto häufiger wird ein Bericht durch externe Dritte überprüft. Letztlich kommt es jedoch auch auf die Zielgruppen und deren Anforderungen an den Nachhaltigkeitsbericht an.

14.2 Auswahl der Zielgruppen

Die Vorbereitung des Berichts ist zunächst der arbeitsintensivste Schritt. Nach der Wahl des Berichtsstandards müssen die Zielgruppen des Berichts ausgewählt werden. Für jeden Bericht muss der Informationsbedarf der Berichtsempfänger, von denen Quantität und Qualität des Inhalts abhängig sind, berücksichtigt werden (vgl. Bichler et al. 1994, S. 92). Das bedeutet, dass der Nachhaltigkeitsbericht sich an den Bedürfnissen der potentiellen Leser orientieren muss. Tabelle 14.1 stellt

Tab. 14.1 Besonderes Interesse der Zielgruppen am Bericht

Zielgruppe	Besonderes Interesse
Mitarbeiter	Entwicklungsmöglichkeiten, Weiterbildungsangebote, wirtschaftliche Lage
Kunden	Umweltfreundlichkeit, Qualität, Produkte
Investoren und Geschäftspartner	wirtschaftliche Lage, Finanzkennzahlen, Nachhaltigkeitswert
Wettbewerber	Alleinstellungsmerkmale
Politik und Gesellschaft	Umweltschutz, soziales Engagement
Anwohner	Dialog, zukünftige Pläne des Unternehmens (Standorterweiterung)

beispielhaft mögliche Zielgruppen und deren Anforderungen an den Bericht dar. Die jeweiligen Interessen sind von der Situation des Unternehmens und deren Anspruchsgruppen abhängig.

Die Bedürfnisse und Erwartungen sind durchaus verschieden. Es ist nicht möglich, allen Anforderungen und Informationswünschen gerecht zu werden. Das Ziel ist es, den kleinsten gemeinsamen Nenner zu finden und daran die Inhalte des Berichts auszurichten. Wichtig ist ebenso, dass der Bericht für alle Anspruchsgruppen, aber auch für das Unternehmen selbst, einen Nutzen hat (vgl. KPMG 2013, S. 42). Dieser Balanceakt ist nicht immer einfach. Daher ist der nächste Schritt, die Festlegung der Berichtsinhalte und Schwerpunktsetzung, von großer Bedeutung.

14.3 Festlegung der Berichtsinhalte und Schwerpunkte

Bei der Auswahl des Berichtsinhalts muss nicht nur auf die Anforderungen der Zielgruppen geachtet werden, sondern auch darauf, dass eine Balance zwischen schon Bekanntem und neuen Informationen gefunden wird. Mit neuen Informationen sind solche gemeint, die über die gesetzlichen Mindestanforderungen, beispielsweise die Finanzberichterstattung betreffend, hinausgehen. Dabei muss allerdings auch beachtet werden, dass keine sensiblen Daten, die den Wettbewerbern eine Angriffsfläche bieten könnten, preisgeben werden.

Weiterhin sollte ein Nachhaltigkeitsbericht keine reine Werbebroschüre sein, auch wenn die Imageverbesserung ein Bestandteil der Motivation zur Berichterstattung ist. Vielmehr sollte die Imageverbesserung als positiver Nebeneffekt angesehen werden. Um die Glaubwürdigkeit des Berichts zu stärken, sollte eine Ausgewogenheit zwischen positiven und negativen Ergebnissen bestehen. Das heißt, dass auch auf die Schwächen eingegangen werden soll. Diese lassen sich sehr gut als Anknüpfungspunkt für das Setzen von Nachhaltigkeitszielen verwenden, sodass man den Bericht mit einer „positiven Note" beenden kann.

Eine Studie (vgl. KPMG 2013, o. S.) hat die Nachhaltigkeitsberichte der 250 größten beziehungsweise umsatzstärksten Unternehmen (G250) auf ihre Qualität hin überprüft. Laut dieser Studie kann die Berichtsqualität an folgenden Merkmalen festgemacht werden, die auch in den GRI-Richtlinien enthalten sind:

- Strategie, Chancen und Risiken
- Wesentlichkeit
- Kennzahlen und Zielsetzung
- Einbeziehung der Anspruchsgruppen
- Unternehmensführung, Ethik und Integrität

- Transparenz und Ausgewogenheit
- Supply-Chain-Risiken

Die qualitativ hochwertigsten Berichte kommen aus Europa. Mit durchschnittlich 71 von 100 erreichbaren Punkten ist der Qualitätsvorsprung gegenüber anderen Regionen sehr deutlich[1]. Deutschland erreicht im Durchschnitt 68 von 100 Qualitätspunkten und landet somit auf Platz 7 im Länderranking. Spitzenreiter ist Italien (85/100) und China eines der Schlusslichter (39/100; vgl. KPMG 2013, S. 16.). Bei dem Qualitätsranking nach Branche teilt sich der Transportsektor den Platz mit der Automobilbranche und erreicht 64 von 100 Punkten. Somit liegt der Transportsektor im guten Mittelfeld mit Verbesserungspotenzial. Während in Europa sehr detailliert über die ökologischen und sozialen Auswirkungen von Produkten und Dienstleistungen berichtet wird, besteht bei den Merkmalen ‚Wesentlichkeit', ‚Zielsetzung', ‚Supply-Chain-Risiken' und ‚Ausgewogenheit' noch Verbesserungsbedarf (vgl. KPMG 2013, S. 15 ff.).

Seit der Einführung der GRI-G4-Richtlinie kommt der Wesentlichkeit der Berichtsinhalte eine zentrale Rolle zu. Unter Wesentlichkeit versteht man alle für das Unternehmen relevanten Nachhaltigkeitsaspekte. Für einen Logistikdienstleister können dies zum Beispiel der Energieverbrauch, insbesondere der Treibstoffverbrauch, und die dazugehörigen Emissionen sein. Weniger wesentlich könnte hingegen das Thema Kinderarbeit sein, da dies von der deutschen Gesetzgebung abgedeckt wird und im Normalfall keine wesentliche Rolle spielt. Wenn möglich, sollten im Nachhaltigkeitsbericht nicht nur die wesentlichen Themen erläutert werden, sondern auch – zumindest kurz – beschrieben werden, wie diese ausgewählt wurden.

Ein weiterer Punkt, aus dem auch KMU Lehren ziehen können, ist die Zielsetzung. In der genannten Studie wurde herausgefunden, dass 13 % der G250 in ihrem Bericht keine Nachhaltigkeitsziele setzen. Weitere 26 % setzen zwar Ziele, verbinden diese jedoch nicht mit den Aspekten, die zuvor als für sie wesentlich identifiziert wurden (vgl. KPMG 2013, S. 17). Es ist also darauf zu achten, dass nicht nur geeignete Ziele formuliert werden, sondern dass diese sich auch auf die für das Unternehmen wichtigen Themenbereiche beziehen.

Die Ausgewogenheit eines Berichts ist von großer Bedeutung, wenn es darum geht, einen ehrlichen und gehaltvollen Bericht zu verfassen. Unter Ausgewogenheit versteht man, dass sowohl über Erfolge als auch Misserfolge berichtet wird. Dies ist wichtig, um den Verbesserungsprozess zu ermöglichen und ein ehrliches

---

[1] Zum Vergleich: Nord- und Südamerika erzielten im Durchschnitt 54 von 100 Punkten und die Region Asien/Pazifik nur 50 von 100 Punkten (vgl. KPMG 2013, S. 13).

Bild abzugeben. Bisher haben es nur 23 % der G250 gemeistert, einen ausgewogenen Bericht zu erstellen (vgl. KPMG (2013), S. 18).

Die genannten Qualitätsmerkmale sind schon bei der Bestimmung der Berichtsinhalte und Schwerpunkte zu beachten. Die ausführliche Beschreibung, was im Einzelnen genau berücksichtigt werden sollte, ist im ersten Teil der GRI-Richtlinien zu finden.

14.4 Datensammlung

Als letzter vorbereitender Schritt erfolgt die Datensammlung. Falls das Unternehmen schon früher einen Nachhaltigkeitsbericht erstellt hat, sollte dies weniger zeitaufwendig sein. Für den Bericht sollte beachtet werden, dass Kennzahlen und Leistungsindikatoren aus vergangenen Berichtsperioden ebenfalls mit einbezogen werden, um die Entwicklung der Nachhaltigkeitsleistung nachvollziehen zu können. Für diejenigen, die zum ersten Mal einen Bericht erstellen und die benötigten Daten in keinen vorherigen Perioden gesammelt haben, dient der erste Bericht dann als Bestandsaufnahme. In allen folgenden Berichten sollte ebenfalls eine Entwicklung erkennbar sein.

Literatur

Bichler, K./Gerster, W./Reuter, R. (1994): Logistik-Controlling mit Benchmarking. Praxisbeispiele aus Industrie und Handel, Wiesbaden.
GRI (2012d): GRI Sustainability Reporting Statistics - Publication year 2011, Amsterdam.
KPMG (2013): The KPMG Survey of Corporate Responsibility Reporting 2013, o. O.

15 Erstellung und Veröffentlichung des Berichts

15.1 Verfassen des Berichts

Beim Verfassen des Nachhaltigkeitsberichts müssen verschiedene organisatorische – zum Beispiel Zeit und Kosten – sowie inhaltliche Aspekte – wie spezifische Anforderungen des ausgewählten Standards – berücksichtigt werden. Diese werden im Folgenden näher erläutert.

15.1.1 Organisatorische Aspekte

Der Aufwand und die Ressourcen, die in einen Nachhaltigkeitsbericht investiert werden müssen, variieren je nach Unternehmensgröße, zur Verfügung stehender Ressourcen und Umfang des Nachhaltigkeitsberichtes und fallen dementsprechend mehr oder weniger ins Gewicht. Generell gibt es drei wesentliche Faktoren, die bei der Planung eines Nachhaltigkeitsberichtes berücksichtigt werden müssen: Zeit, Kosten für die eigentliche Erstellung und Kosten für eine mögliche externe Überprüfung.

Zeitplanung Ein Nachhaltigkeitsbericht benötigt einen gewissen Vorlauf. Je nach Unternehmensgröße variiert dieser. Handelt es sich um ein kleines Unternehmen mit einer überschaubaren Organisation, ist der Aufwand wesentlich geringer als bei einem Konzern mit mehreren Tochtergesellschaften, die weltweit verteilt sind. Hier kommt es auch darauf an, wie weit die Berichtsgrenzen gefasst werden. Soll sich der Bericht nur auf einen Standort konzentrieren, ist die Berichterstattung

© Springer Fachmedien Wiesbaden 2015
D. Lohre et al., *Nachhaltigkeitsmanagement für Logistikdienstleister,*
DOI 10.1007/978-3-658-03125-1_15

weniger komplex. In jedem Fall sollte ausreichend Zeit mit Puffern für folgende Aktivitäten (vgl. KPMG, GRI et al. 2013, S. 21) eingeplant werden:

- Abstimmung der Geschäftsleitung/Führungsgremien und Diskussion der Berichtsinhalte und Anforderungen
- Datensammlung und Datenverarbeitung (Analyse und Auswertung)
- Interne Überprüfung der Informationen
- Erstellen des Berichts (das eigentliche Schreiben, Lektorat, Grafik und Design, Druck)
- Wenn gewünscht, Überprüfung des fertigen Berichts durch externe Dritte.

Je nach Komplexität des Berichts und Umfang der zur Verfügung stehenden Ressourcen sowie ggf. internem Termindruck sollten im Schnitt mindestens vier bis sechs Monate zur Erstellung eingeplant werden. Für unerfahrene Berichterstatter ist es ratsam, tendenziell eher mehr Zeit zu kalkulieren, um einen sorgfältigen und qualitativ adäquaten Bericht erstellen zu können und nicht durch unerwartete Hindernisse ins Straucheln zu geraten.

Kostenplanung Da es viele Variable gibt, die die Kosten beeinflussen, kann an dieser Stelle keine Einschätzung vorgenommen werden. Jedoch ist zu beachten, dass auch die Aspekte, die für die Zeitplanung relevant sind, Kosten mit sich bringen. Zunächst müssen freie Mitarbeiterkapazitäten geschaffen werden, die sich dem Projekt Nachhaltigkeitsberichterstattung widmen können. Unter Umständen ist es hier sinnvoll, ein Beratungsunternehmen zu beauftragen, dass Erfahrung auf dem Gebiet der Nachhaltigkeitsberichterstattung hat und entweder unterstützend zur Seite steht oder aber das Projekt maßgeblich abwickelt. Je nachdem, ob das Schreiben des Berichtes und das Lektorat sowie Grafik und Design oder Druck intern oder extern erfolgen, entstehen hier weitere Kosten; ebenso für eine Überprüfung durch externe Dritte.

In Zusammenhang mit der verpflichtenden Berichterstattung für Großunternehmen, hat die französische Regierung die Kosten für die Erstellung eines Berichtes schätzen lassen (vgl. Tab. 15.1).

Es ist anzumerken, dass diese Zahlen lediglich als „Hausnummer" dienen und nicht eins zu eins auf Deutschland übertragbar sind. Wie schon ausgeführt, setzen sich die Kosten aus verschiedenen Komponenten zusammen und sind von Unternehmen zu Unternehmen verschieden.

Tab. 15.1 Kosten für die Berichterstellung und Verifizierung in Frankreich (Quelle: KPMG, GRI et al. 2013, S. 32)

Größe	Berichterstellung		Verifzierung durch externe Dritte	
	Kostengünstige Schätzung (€)	Hohe Schätzung (€)	Kostengünstige Schätzung (€)	Hohe Schätzung (€)
500–999 Mitarbeiter	17.000	33.000	7200	11.000
1000–4999 Mitarbeiter	30.300	61.600	11.000	18.000

15.1.2 Inhaltliche Aspekte

Beim Verfassen des Berichts ist einerseits auf die schon genannte Ausgewogenheit in der Darstellung der Inhalte zu achten. Die Grundprinzipien der Nachhaltigkeitsberichterstattung, Klarheit, Wesentlichkeit, Vollständigkeit und Transparenz müssen beachtet werden. Dies gilt insbesondere auch für die Berechnung der Kennzahlen und Leistungsindikatoren. Die Zahlen sollen korrekt und aussagefähig sein.

Beim Aufbau des Berichts, auch wenn es sich um einen Lagebericht zum Einstieg handelt, sollte der gängige Grundaufbau von Nachhaltigkeitsberichten beachtet werden. Auf eine Stellungnahme des Geschäftsführers sollte ein kurzes Unternehmensporträt folgen. Danach folgen die drei Säulen der Nachhaltigkeit: Ökonomie, Ökologie und Soziales. Bei der Anordnung und Schwerpunktbildung dieser drei Dimensionen gibt es Spielraum zur individuellen Gestaltung. Abschließend soll eine Übersicht der gesetzten Ziele und deren Umsetzungsstatus bzw. Planungshorizont zu finden sein.

Die Motivation und das Engagement zur Nachhaltigkeit sollen deutlich werden. Es ist jedoch darauf zu achten, die Worte auch mit Inhalten zu füllen und den Begriff *Nachhaltigkeit* nicht als leere Worthülse zu nutzen.

Bei der graphischen Gestaltung ist darauf zu achten, dass das Layout zum Unternehmen und zum Bericht passt. Die Gestaltung sollte die Inhalte angemessen hervorheben, sich jedoch nicht in einen Werbekatalog verwandeln. Außerdem sollte beachtet werden, dass der durchschnittliche Leser sich nur 15 bis 30 min mit dem Nachhaltigkeitsbericht beschäftigt (vgl. Prexl 2010, S. 386).

15.2 Distribution und Kommunikation des Berichts

Als letzter Schritt erfolgt die Veröffentlichung des Berichts. Es ist zu überlegen, welche Distributionskanäle genutzt werden sollen. Hierzu gibt es grundsätzlich folgende Möglichkeiten:

- nur in Papierform
- sowohl in Papierform als auch online
- nur online

Bei der Online-Variante gibt es nochmals verschiedene Gestaltungsmöglichkeiten. Der Bericht kann entweder zum Download bereitgestellt werden oder aber interaktiv gestaltet werden.

Bei der Nutzung beider Varianten, Papierform und online, können auch interaktive Verknüpfungen hergestellt werden, beispielsweise durch Hinzufügen eines QR-Codes, der zu einer App führt.

Welche Distributionsmöglichkeit gewählt wird, ist vom Unternehmen und den Zielgruppen abhängig.

15.3 Kontinuierliche Kommunikation und Umgang mit Feedback

Sobald der Nachhaltigkeitsbericht fertig gestellt und über einen oder mehrere der vorgenannten Distributionskanäle verteilt wurde, ist die Berichterstattung jedoch noch lange nicht abgeschlossen. Vielmehr sollte der Nachhaltigkeitsbericht als zentrales Kommunikationsinstrument betrachtet werden, mit Hilfe dessen langfristiger Wert für das Unternehmen geschaffen werden kann. Dazu sollten auch über den jährlichen Bericht hinaus, der als Zusammenfassung der wichtigsten Nachhaltigkeitsaktivitäten angesehen werden kann, im Tagesgeschäft regelmäßig die Nachhaltigkeitsaktivitäten im Unternehmen kommuniziert werden (vgl. KPMG 2013, S. 10, 46). Im Idealfall sollte ein kontinuierlicher Dialog zwischen Anspruchsgruppen und dem Unternehmen entstehen. Für die regelmäßige Kommunikation bieten sich diverse Kanäle an: Von Kundenbroschüren über Artikel in der Lokal- oder Fachpresse bis hin zu einem aktiv genutzten Social-Media-Profil ist alles denkbar. Auch hier gilt: Der Kommunikationskanal muss zum Unternehmen und seinen Anspruchsgruppen passen.

Um einen gesunden Dialog zu fördern und einen Nutzen daraus ziehen zu können, ist es ebenfalls wichtig, mit dem Feedback, das man bekommt, richtig umzugehen. Es sollte einen designierten Ansprechpartner für alle Nachhaltigkeitsthemen geben. Das kann zum Beispiel der Pressesprecher des Unternehmens, der Verantwortliche für die Nachhaltigkeitsberichterstattung oder die Geschäftsleitung sein. Das eingehende Feedback sollte als konstruktive Kritik angesehen und dementsprechend verwertet werden. Bei negativem Feedback sollte angemessen und mit Bedacht darauf reagiert werden. Insbesondere, wenn Social Media im Spiel sind, ist es wichtig, zeitnah zu agieren, um ungewollte Konsequenzen und möglicherweise negative Schlagzeilen zu vermeiden. Aber auch intern sollte dieses Feedback verarbeitet werden, indem beispielsweise überlegt wird, wie man die Kritikpunkte ausräumen und beim nächsten Mal verbessern könnte. Genauso wichtig ist es, auch positives Feedback zu verarbeiten. Es sollte als Bestätigung und Motivation für die kontinuierlichen Bemühungen dienen.

Literatur

KPMG (2013): The KPMG Survey of Corporate Responsibility Reporting 2013, o. O.
KPMG, GRI et al. (2013): Carrots and Sticks. Sustainability reporting policies worldwide – today's best practice, tomorrow's trends, 3rd edition; Amsterdam et al.
Prexl, A. (2010): Nachhaltigkeit kommunizieren – nachhaltig kommunizieren, Analyse des Potenzials der Public Relations für eine nachhaltige Unternehmens- und Gesellschaftsentwicklung, Wiesbaden.

Kontinuierliche Verbesserung der Nachhaltigkeitsleistung mit Hilfe von Kennzahlen

16

Nachdem der Bericht veröffentlicht ist, geht es je nach gewählter Berichtsfrequenz wieder mit Schritt 1 weiter. Unabhängig davon, ob zwischen den Berichten ein oder mehr Jahre liegen, muss man sich in der Zwischenzeit um die Umsetzung der gesetzten Ziele bemühen, denn Verpflichtung zur Nachhaltigkeit ist keine einmalige Angelegenheit, sondern eine langfristige Aufgabe.

Die Nachhaltigkeitsberichterstattung sollte dazu genutzt werden, um die gesetzten Ziele zu überprüfen und auch, um das nachhaltige Handeln im Unternehmen weiter voranzutreiben und durch kontinuierliche Verbesserung höhere Ziele zu erreichen. Anfangs mögen einfache Maßnahmen zwar günstiger und leichter umzusetzen sein, jedoch ist die Wirkung dieser Maßnahmen irgendwann ausgeschöpft und das Entwicklungspotenzial begrenzt. Daher sollte ein Unternehmen auch höhere und anspruchsvollere Ziele verfolgen, um die Nachhaltigkeitsleistung zu steigern.

Um einerseits die nachfolgenden Berichterstattungen zu vereinfachen, aber andererseits auch, um Prozesse im Unternehmen transparenter zu gestalten, bietet es sich an, mit Kennzahlen zu arbeiten. In diesem Kapitel werden mögliche Kennzahlen und Indikatoren vorgestellt, die sich auf die genannten Schlüsselthemen (vgl. Teil II: Der Schlüssel zur Nachhaltigkeit – Schlüsselthemen in der Logistik) beziehen. Zu jedem Schlüsselthema werden die einzelnen Handlungsfelder, Maßnahmen und Kennzahlen bzw. Indikatoren übersichtlich aufgeführt. Für jede Kennzahl bzw. jeden Indikator ist angegeben, ob diese ebenfalls in EFFAS oder GRI enthalten sind. Die *hervorgehobenen* Kennzahlen/Indikatoren unter EFFAS und GRI sind auch im Deutschen Nachhaltigkeitskodex enthalten.

© Springer Fachmedien Wiesbaden 2015
D. Lohre et al., *Nachhaltigkeitsmanagement für Logistikdienstleister*,
DOI 10.1007/978-3-658-03125-1_16

Bei denjenigen Kennzahlen/Indikatoren, die weder in EFFAS noch GRI enthalten sind, kann das berichtende Unternehmen überlegen, ob es diese ergänzend zu denen nach EFFAS oder GRI (je nachdem, welcher Standard verwendet wird) berichtet oder nicht. In jedem Fall sollten diese aber, sofern zutreffend, intern berücksichtigt werden.

Als in die Berichterstattung neu einsteigender Logistikdienstleister, können die einzelnen Kennzahlen/Indikatoren zur Ist-Analyse genutzt werden, um einerseits einen Eindruck der aktuellen Nachhaltigkeitsleistung des Unternehmens zu bekommen und andererseits als Anregung, um Verbesserungspotenziale aufzudecken.

Für eine ehrliche Selbstanalyse sollte intern das ‚comply or explain'-Prinzip angewendet werden, um die Gründe beziehungsweise Ursachen der nicht umgesetzten Maßnahmen herauszufinden. Während einige Maßnahmen lediglich nicht zutreffend sind, könnte es beispielsweise durchaus sein, dass andere Maßnahmen nicht umgesetzt werden, da sie nicht genügend Zuspruch durch die Entscheidungsträger haben.

Finanzkennzahlen und andere branchenübergreifend anwendbare Kennzahlen und Indikatoren sind hier absichtlich nicht enthalten, da diese Übersicht branchenspezifisch für Logistikdienstleister erstellt wurde. Für einen ganzheitlichen Nachhaltigkeitsbericht müssen selbstverständlich die Mindestanforderungen der jeweiligen Anforderungsebenen des angewendeten Standards berücksichtigt werden.

16.1 Schlüsselthema 1

Die ausführlichen Ausführungen zu ‚Schlüsselthema 1 – Logistikdienstleister im Spannungsfeld zwischen Kundenanforderungen und Kostenentwicklung' sind in Kap. 5 zu finden. In diesem Bereich werden mögliche Kennzahlen und Indikatoren vorgestellt, die helfen können, den Entwicklungsstand des Schlüsselthemas im Unternehmen zu analysieren.

16.1.1 Handlungsfeld: Effizienzsteigerung

Die Tab. 16.1 bietet eine Übersicht über alle vorgestellten Maßnahmen zum Handlungsfeld ‚Effizienzsteigerung' und den dazugehörigen Kennzahlen beziehungsweise Indikatoren.

16.1 Schlüsselthema 1

Tab. 16.1 Kennzahlenübersicht Handlungsfeld Effizienzsteigerung

Nr.	Maßnahme	Kennzahl/Indikator	EFFAS	GRI G3/3.1	GRI G4
S1-01	Auslastung optimieren	Ladefaktor	E21-01	–	–
S1-02	Leerfahrten vermeiden	Anteil der Leerfahrten	V13-03	–	–
S1-03a	Fuhrparkoptimierung zur Einsparung von Maut- und Dieselkosten	Zusammensetzung des Fuhrparks nach Schadstoffklasse	E37-01 V21-03	LT2	LT2
S1-03b	Fuhrparkoptimierung zur Einsparung von Maut- und Dieselkosten	Durchschnittlicher Treibstoffverbrauch pro Fahrzeug	E30-05	LT2	LT2
S1-04	Synergieeffekte aus Kooperationen nutzen	Anzahl der Partnerschaften bzw. Kooperationen	–	–	–

S1-01 Auslastung optimieren
Die Auslastung eines Transportmittels lässt sich anhand des Ladefaktors messen. Um überprüfen zu können, ob die Auslastung optimiert wurde, muss zunächst ein Basiswert ermittelt werden. Dazu sollte in einem Stichprobenzeitraum, zum Beispiel zwei Wochen oder ein Monat, die Auslastung aller genutzten Transportmittel festgehalten werden. So kann anschließend in regelmäßigen Abständen überprüft werden, ob die Auslastung gestiegen ist. Der Ladefaktor ergibt sich aus der Division der gefahrenen Tonnenkilometer und den angebotenen Tonnenkilometern.

$$Ladefaktor = \frac{gefahrene\ Tonnenkilometer\ (tkm)}{angebotene\ Tonnenkilometer\ (tkm)}$$

Alternativ ist es auch möglich, die Auslastung in Tonnen zu ermitteln. Dies sollte dann jedoch für jede Relation geschehen, damit auch die Entfernung berücksichtigt wird.

S1-02 Leerfahrten vermeiden
Prinzipiell gilt für die Leerfahrten das gleiche wie für die Auslastung. Zunächst muss ein Basiswert erhoben werden, der den Anteil der Leerfahrten in einem bestimmten Zeitraum beschreibt. Die Formel dazu sieht wie folgt aus:

$$Leerfahrtenanteil\ (\%) = 1 - \left(\frac{Lastkilometer}{Gesamtkilometer}\right) * 100$$

Anschließend sollte der Anteil der Leerfahrten regelmäßig überprüft und verglichen werden, um die Entwicklung verfolgen zu können.

S1-03 Fuhrparkoptimierung zur Einsparung von Maut- und Dieselkosten

a. Die Mauthöhe wird unter anderem an der Schadstoffklasse eines Fahrzeuges festgemacht. Je moderner das Fahrzeug, desto niedriger ist der Mautsatz für eine Schadstoffklasse. Derzeit beträgt die Differenz zwischen den Mautsätzen für die höchste und niedrigste Schadstoffklasse 8,3 Cent (vgl. Toll Collect 2015, o. S.). Als Indikator für die Höhe der zu erwartenden Mautkosten kann also die Zusammensetzung des Fuhrparks nach Schadstoffklassen herangezogen werden. Wird diese Zusammensetzung regelmäßig festgehalten, kann langfristig die Veränderung des Fuhrparks überprüft werden.

b. Um die Dieselkosten im Auge zu behalten, bietet es sich an, regelmäßig den Treibstoffverbrauch pro 100 km je Fahrzeug zu erfassen und zu vergleichen. Werden beispielsweise zwischen zwei Erhebungen Fahrerschulungen durchgeführt, lässt sich anhand der erhobenen Verbräuche überprüfen, wie effektiv die Schulungen waren und welche Fortschritte die Fahrer beim spritsparenden Fahren machen.

S1-04 Synergieeffekte aus Kooperationen nutzen
Wie in Kap. 5 beschrieben, macht es bei zunehmendem Wettbewerb und steigenden Kosten in gewissen Bereichen Sinn, Kooperationen oder Partnerschaften mit anderen Unternehmen einzugehen, um von Synergieeffekten profitieren zu können. Diese Synergieeffekte können zum Beispiel der Aufbau von Begegnungsverkehren zur Eliminierung von One-Way-Verkehren und somit Leerfahrten sein. Außerdem kann die Auslastung durch Stafetten- oder Hubverkehre verbessert werden. Als Indikator kann hier die Anzahl der Partnerschaften bzw. Kooperationen dienen. Darüber hinaus sollte aber auch die historische Entwicklung und der derzeitige Status der Beziehung festgehalten werden, um ein aussagekräftiges Bild der aktuellen Situation zu erhalten und rückblickend die Entwicklung bewerten zu können.

16.1.2 Handlungsfeld: Kundenbindung

Die Tab. 16.2 bietet eine Übersicht über alle vorgestellten Maßnahmen zum Handlungsfeld ‚Kundenbindung' und den dazugehörigen Kennzahlen beziehungsweise Indikatoren.

Tab. 16.2 Kennzahlenübersicht Handlungsfeld Kundenbindung

Nr.	Maßnahme	Kennzahl/Indikator	EFFAS	GRI G3/3.1	GRI G4
S1-05	Kundenzufriedenheit steigern	Anteil der zufriedenen Kunden	V06-01	–	–
S1-06a	Langfristige Verträge aushandeln	Durchschnittliche Vertragsdauer	–	–	–
S1-06b	Langfristige Verträge aushandeln	Anteil an Stammkunden	–	–	–
S1-07	Kundenmix anstreben	Überblick über Geschäftsfelder/ Branche der Kunden	–	–	–
S1-08	Bessere Konditionen aushandeln	Einsatz eines Dieselfloaters	–	–	–

S1-05 Kundenzufriedenheit steigern

Um zu überprüfen, ob die Kundenzufriedenheit gesteigert werden konnte, sollte der Anteil der zufriedenen Kunden an der Gesamtkundenzahl ermittelt werden. Dies kann anhand einer Zufriedenheitsumfrage bei den Kunden geschehen – sowohl als systematische Abfrage, zum Beispiel anhand eines Fragebogens, oder auch in persönlichen Gesprächen.

S1-06 Langfristige Verträge aushandeln

Als Indikator für langfristige Verträge dient a) die durchschnittliche Vertragsdauer aller Verträge und b) der Anteil der Stammkunden an der Gesamtkundenzahl.

S1-07 Kundenmix anstreben

Ein breiter Kundenmix, der sich aus möglichst vielen Branchen zusammensetzt, kann ein Unternehmen krisenresistenter machen. Um eine Übersicht über den Kundenmix zu gewinnen, ist es nötig, sich einen Überblick über die Geschäftsfelder beziehungsweise die Branchen, in denen die Kunden tätig sind, zu verschaffen. Der Kundenmix kann dann als Diagramm dargestellt werden, in dem die Kunden den jeweiligen Branchen zugeordnet werden. Der Kundenmix könnte sich zum Beispiel aus je einem Viertel Pharma-, Automobil-, Chemie- oder Baubranche zusammensetzen.

S1-08 Bessere Konditionen aushandeln

Als wesentliche Maßnahme für das Aushandeln besserer Konditionen wurde in Kap. 5 der Einsatz eines Dieselfloaters identifiziert. Der Einsatz und die regelmäßige Aktualisierung des Dieselfloaters dienen hier als Indikator, um die langfristigen Entwicklungen der Dieselkosten und der Vertragsbedingungen zu analysieren.

Tab. 16.3 Kennzahlenübersicht Handlungsfeld Lieferantenmanagement

Nr.	Maßnahme	Kennzahl/Indikator	EFFAS	GRI G3/3.1	GRI G4
S1-09a	Lieferantenauswahl	Anzahl der zertifizierten Lieferanten und Art der Zertifikate	–	LT EN33	LT EN33
S1-09b	Lieferantenauswahl	Anteil regionaler Lieferanten	–	EC6	G4-EC9
S1-10a	Lieferantenbindung	Anteil der Stammlieferanten	–	–	–
S1-10b	Lieferantenbindung	Stundenanzahl durchgeführter Schulungen/ Workshops	–	–	–

16.1.3 Handlungsfeld: Lieferantenmanagement

Die Tab. 16.3 bietet eine Übersicht über alle vorgestellten Maßnahmen zum Handlungsfeld ‚Lieferantenmanagement' und den dazugehörigen Kennzahlen beziehungsweise Indikatoren.

S1-09 Lieferantenauswahl

Um die Lieferantenauswahl systematisch zu bewerten, sollten a) die Anzahl und der Anteil der zertifizierten Lieferanten im Verhältnis zu der Gesamtzahl der Lieferanten und die Art der Zertifikate festgehalten werden. Darüber hinaus sollte b) der Anteil regionaler Lieferanten erfasst werden.

S1-10 Lieferantenbindung

Als Indikatoren der Lieferantenbindung dienen a) der Anteil der Stammlieferanten an alle Lieferanten und b) die Stundenanzahl der mit den Lieferanten durchgeführten Schulungen und Workshops.

16.2 Kennzahlen: Schlüsselthema 2

Die ausführlichen Ausführungen zu ‚Schlüsselthema 2 – Grüne Logistik als Antwort auf den Klimawandel und die zunehmende Ressourcenknappheit' sind in Kap. 6 zu finden. In diesem Bereich werden mögliche Kennzahlen und Indikatoren vorgestellt, die helfen können, den Entwicklungsstand des Schlüsselthemas im Unternehmen zu analysieren.

16.2 Kennzahlen: Schlüsselthema 2

Tab. 16.4 Kennzahlenübersicht Handlungsfeld CO_2-Bilanzierung

Nr.	Maßnahme	Kennzahl/Indikator	EFFAS	GRI G3/3.1	GRI G4
S2-01a	nach GHG oder ISO 14064 oder EN 16258 bilanzieren	Scope	–	–	–
S2-01b	nach GHG oder ISO 14064 oder EN 16258 bilanzieren	Zertifizierung	–	–	–
S2-01c	nach GHG oder ISO 14064 oder EN 16258 bilanzieren	Anzahl der Emissionen	E02-01	EN16 EN17 EN18	G4-EN15 G4-EN16 G4-EN17

16.2.1 Handlungsfeld: CO_2-Bilanzierung

Die folgende Tabelle bietet eine Übersicht über alle vorgestellten Maßnahmen zum Handlungsfeld ‚CO_2-Bilanzierung' und den dazugehörigen Kennzahlen beziehungsweise Indikatoren (Tab. 16.4).

S2-01 nach GHG oder ISO 14064:2012 oder DIN EN 16258:2013-03 bilanzieren

Zur Bilanzierung der CO_2-Emissionen ist es sinnvoll, sich an einem anerkannten Standard wie dem GHG Protocol, der ISO-Norm 14064 oder der europäischen Norm EN 16258 zu orientieren. Als Indikatoren zur Bestätigung der Genauigkeit und Glaubwürdigkeit der Ergebnisse, können hier a) der gewählte Scope und b) die Zertifizierung durch einen externen Dritten herangezogen werden. Um die langfristige Entwicklung im Auge zu behalten und den Erfolg der umgesetzten Maßnahmen zur Reduzierung der CO_2-Emissionen insgesamt messen zu können, muss natürlich auch c) die Anzahl der Emissionen festgehalten werden.

16.2.2 Handlungsfeld: Reduzierung von CO_2-Emissionen

Die Tab. 16.5 bietet eine Übersicht über alle vorgestellten Maßnahmen zum Handlungsfeld ‚Reduzierung von CO_2-Emissionen' und den dazugehörigen Kennzahlen beziehungsweise Indikatoren.

S2-02 Nutzung des Kombinierten Verkehrs
Zur Bewertung der Nutzung des Kombinierten Verkehrs im Unternehmen bietet es sich an a) den Modal Split zu erfassen und regelmäßig zu überprüfen. Außerdem können b) der Anteil des Kombinierten Verkehrs am Umsatz und c) der Anteil des Kombinierten Verkehrs an der Tonnage als Kennzahlen dienen.

Tab. 16.5 Kennzahlenübersicht Handlungsfeld Reduzierung von CO_2-Emissionen

Nr.	Maßnahme	Kennzahl/Indikator	EFFAS	GRI G3/3.1	GRI G4
S2-02a	Nutzung des Kombinierten Verkehrs	Modal Split	S13-01	LT3	LT3
S2-02b	Nutzung des Kombinierten Verkehrs	Anteil des Kombinierten Verkehrs am Umsatz	–	–	–
S2-02c	Nutzung des Kombinierten Verkehrs	Anteil des Kombinierten Verkehrs an der Tonnage	–	–	–
S2-03	Kraftstoffverbrauch senken	Eingesparter Kraftstoff in Prozent und Euro	E30-01	–	G4-EN19
S2-04	Energieverbrauch senken	Eingesparte Energie in kWh und Euro	E01-01	$EN3$ EN4 EN5 EN7	G4-EN3 G4-EN6 G4-EN7
S2-05a	Wasserverbrauch senken	Eingespartes Wasser in Liter und Euro	–	$EN8$ EN10	G4-EN8 G4-EN10
S2-05b	Wasserverbrauch senken	Anteil von Regenwasser am Gesamtverbrauch	–	–	–
S2-06	Abfall reduzieren	Eingesparter Abfall in Tonnen	$E04-01$ E06-01	$EN22$	G4-EN23
S2-07a	Recyclingprodukte nutzen	Eingesparte Verpackungen	–	–	G4-EN19 G4-EN27
S2-07b	Recyclingprodukte nutzen	Anteil des genutzten Recyclingmaterials	–	EN2	G4-EN2 G4-EN19 G4-EN27
S2-08	Alternative Antriebe/Technologien nutzen	Anteil der Fahrzeuge mit Gas/ Biodiesel/Elektroantrieb	$V04-13$ E30-03	LT4	G4-EN19 LT4
S2-09	Mitarbeitersensibilisierung	Anzahl/Stunden an Mitarbeiterschulungen	–	LA10	G4-LA9 G4-EN19

S2-03 Kraftstoffverbrauch senken
Um zu überprüfen, ob die Kraftstoff sparenden Maßnahmen erfolgreich sind, sollte regelmäßig der eingesparte Kraftstoff in Prozent und Euro erfasst werden.

S2-04 Energieverbrauch senken
Um die Energiesparmaßnahmen auf ihre Wirkung hin zu kontrollieren, sollte die eingesparte Energie in kWh und Euro erfasst werden.

S2-05 Wasserverbrauch senken
Auch für den Wasserverbrauch gilt es, a) das eingesparte Wasser in Liter und Euro zu dokumentieren. Darüber hinaus sollte b) der Anteil von genutztem Regenwasser am Gesamtverbrauch erfasst werden.

S2-06 Abfall reduzieren
Im Bereich der Abfallreduzierung sollte der eingesparte Abfall in Tonnen festgehalten werden. Wo möglich, sollte nach Abfallart differenziert werden, um wesentliche Abfallquellen identifizieren und beobachten zu können.

S2-07 Recyclingprodukte nutzen
Die a) eingesparten Verpackungen sollten, wenn möglich, erfasst werden. Dies kann einerseits die Anzahl der eingesparten Verpackungen durch eine optimierte Konsolidierung oder neues Verpackungsdesign sein, oder andererseits auch der Wert der eingesparten Verpackungsmaterialien. Außerdem sollte b) der Anteil des genutzten Recyclingmaterials am Gesamtmaterialeinsatz erfasst werden.

S2-08 Alternative Antriebe und Technologien nutzen
Als Indikator dient hier der Anteil der Fahrzeuge mit alternativen Antrieben. Diese sollten je Art nach Gas-, Biodiesel-, und Elektroantrieb erfasst und ins Verhältnis zum Gesamtfuhrpark gesetzt werden.

S2-09 Mitarbeitersensibilisierung
Da die Mitarbeitersensibilisierung für Umweltthemen auch eine große Rolle bei der Einsparung von CO_2-Emissionen spielt, sollten hierzu die Anzahl der Informationsveranstaltungen beziehungsweise Schulungen sowie die Stundenanzahl pro Mitarbeiter je Sensibilisierungsaktivität festgehalten werden.

Tab. 16.6 Kennzahlenübersicht Handlungsfeld Fahrermangel

Nr.	Maßnahme	Kennzahl/Indikator	EFFAS	GRI G3/3.1	GRI G4
S3-01a	Arbeitsbedingungen verbessern	Durchschnittliche Arbeitszeit	–	LT9 LT10	LT9 LT10
S3-01b	Arbeitsbedingungen verbessern	Anzahl der Urlaubstage	–	–	–
S3-02a	Nachwuchs gewinnen	Anzahl Auszubildende	–	–	–
S3-02b	Nachwuchs gewinnen	Übernahmequote	–	–	–
S3-02c	Nachwuchs gewinnen	Präsenz und Teilnahme an Messen oder Aktionstagen	–	–	–

16.3 Kennzahlen: Schlüsselthema 3

Die ausführlichen Ausführungen zu ‚Schlüsselthema 3 – Die Auswirkungen des demographischen Wandels auf die Logistik' sind in Kap. 7 zu finden. In diesem Bereich werden mögliche Kennzahlen und Indikatoren vorgestellt, die helfen können, den Entwicklungsstand des Schlüsselthemas im Unternehmen zu analysieren.

16.3.1 Handlungsfeld: Fahrermangel

Die Tab. 16.6 bietet eine Übersicht über alle vorgestellten Maßnahmen zum Handlungsfeld ‚Fahrermangel' und den dazugehörigen Kennzahlen beziehungsweise Indikatoren.

S3-01 Arbeitsbedingungen verbessern
Die Arbeitsbedingungen sind ein zentraler Punkt, anhand derer die Attraktivität des Berufs des Berufskraftfahrers festgemacht werden kann. Als Kennzahlen zur Überprüfung bieten sich hier unter anderem a) die durchschnittliche Arbeitszeit pro Fahrer und Woche an sowie b) die Anzahl der Urlaubstage pro Jahr. Da die Urlaubstage meistens von Alter und Betriebszugehörigkeit des Mitarbeiters abhängig sind, können diese auch je Altersklasse beziehungsweise Betriebszugehörigkeit festgehalten werden.

S3-02 Nachwuchs gewinnen
Um die Nachwuchsgewinnung quantifizieren und die langfristige Entwicklung beobachten zu können, ist es sinnvoll, regelmäßig a) die Anzahl der Auszubildende, auch im Verhältnis zur Gesamtmitarbeiterzahl, zu erfassen. Als weitere Kennzahl

16.3 Kennzahlen: Schlüsselthema 3

Tab. 16.7 Kennzahlenübersicht Handlungsfeld Fach- und Führungskräftemangel

Nr.	Maßnahme	Kennzahl/Indikator	EFFAS	GRI G3/3.1	GRI G4
S3-03a	Nachwuchs gewinnen	Anzahl Auszubildende/Duale Studenten/Praktikanten/ Abschlussarbeiten	–	–	–
S3-03b	Nachwuchs gewinnen	Übernahmequote	–	–	–
S3-03c	Nachwuchs gewinnen	Präsenz und Teilnahme an Messen oder Aktionstagen	–	–	–

bietet sich b) die Übernahmequote an. Hier wird die Anzahl der übernommenen Auszubildenden ins Verhältnis zu der Gesamtzahl an Auszubildenden gesetzt. Als dritter Indikator ist c) die Präsenz und Teilnahme an Messen oder Aktionstagen eine Möglichkeit, den Fortschritt in diesem Bereich zu verfolgen und gesetzte Ziele zu überprüfen.

16.3.2 Handlungsfeld: Fach- Führungskräftemangel

Die Tab. 16.7 bietet eine Übersicht über alle vorgestellten Maßnahmen zum Handlungsfeld ‚Fach- und Führungskräftemangel' und den dazugehörigen Kennzahlen beziehungsweise Indikatoren.

S3-03 Nachwuchs gewinnen
Ähnlich wie beim Fahrermangel sollten im Handlungsfeld ‚Fach- und Führungskräftemangel' a) die Anzahl der Auszubildenden festgehalten werden. Darüber hinaus auch jeweils die Anzahl beziehungsweise der Anteil der dualen Studenten, der Praktikanten und der betreuten Abschlussarbeiten. Weiterhin sollte b) die Übernahmequote für jede Nachwuchsart festgehalten werden. Wie schon im Handlungsfeld ‚Fahrermangel' ist auch hier als dritter Indikator c) die Präsenz und Teilnahme an Messen oder Aktionstagen eine Möglichkeit, den Fortschritt in diesem Bereich zu verfolgen und gesetzte Ziele zu überprüfen.

16.3.3 Handlungsfeld: Mitarbeiterbindung

Die Tab. 16.8 bietet eine Übersicht über alle vorgestellten Maßnahmen zum Handlungsfeld ‚Mitarbeiterbindung' und den dazugehörigen Kennzahlen beziehungsweise Indikatoren.

Tab. 16.8 Kennzahlenübersicht Handlungsfeld Mitarbeiterbindung

Nr.	Maßnahme	Kennzahl/Indikator	EFFAS	GRI G3/3.1	GRI G4
S3-04	Work-Life-Balance verbessern	Angebot von flexiblen Arbeitszeitmodellen	–	LA11	G4-LA10
S-05a	Gesundheit fördern	Angebot von Gesundheitstagen und Vorsorge im Betrieb	–	LA11	G4-LA10
S3-05b	Gesundheit fördern	Teilnahme an Sportveranstaltungen	–	–	–
S3-06	Weiterbildung ermöglichen	Anzahl Weiterbildungsstunden	S02-02	*LA10* LA11	G4-LA9 G4-LA10
S3-07	Mitarbeiter halten	Mitarbeiterfluktuation	S01-01	LA2 LT17	G4-LA1 LT17
S3-08a	Vielfalt fördern	Altersstruktur	S03-01	LA13	G4-LA12
S3-08b	Vielfalt fördern	Anteil Migranten	–	LA13	G4-LA12
S3-08c	Vielfalt fördern	Anteil männlich/weiblich	–	LA13	G4-LA12

S3-04 Work-Life-Balance verbessern

Zur Verbesserung der Work-Life-Balance ist das Angebot von flexiblen Arbeitszeitmodellen ein zentrales Instrument. Es bietet sich an, die jeweiligen Vertragsarten und die Anzahl der Mitarbeiter je Arbeitszeitmodell zu erfassen. Somit ist auch eine langfristige Überprüfung der Entwicklung möglich.

S3-05 Gesundheit fördern

Zur Gesundheitsförderung im Unternehmen gibt es verschiedene Möglichkeiten. Zwei wichtige Indikatoren, die hier regelmäßig erfasst werden können sind

a. das Angebot von Gesundheitstagen und der Vorsorge im Betrieb: Es sollten Art und Anzahl der Gesundheitstage festgehalten werden. Wenn zum Beispiel ein Rückentag durchgeführt wird, bei dem die Mitarbeiter erfahren, wie sie rückenschonender arbeiten können und dazu beraten werden, wird dieser als ein Gesundheitstag der Kategorie Rücken festgehalten. Für den Nachhaltigkeitsbericht ist es ratsam, die diversen Aktionstage beziehungsweise die Highlights zu beschreiben und mit den Lesern zu teilen.
b. die Teilnahme an Sportveranstaltungen: Die Mitarbeiter des Unternehmens können gemeinsam als Team an verschiedenen Sportveranstaltungen teilnehmen und das Unternehmen vertreten, so zum Beispiel an branchenweiten Fußballturnieren oder Laufevents, bei denen verschiedene Unternehmen gegeneinander antreten. Dies fördert nicht nur die Gesundheit, sondern stärkt auch den Zusammenhalt der Mitarbeiter untereinander und deren Identifikation mit dem Unternehmen.

S3-06 Weiterbildung ermöglichen

Um die angebotenen und durchgeführten Weiterbildungen quantifizieren zu können, sollte die Anzahl der Weiterbildungsstunden festgehalten werden. Dies kann zum Beispiel pro Mitarbeiter und Jahr; pro Abteilung und Jahr; oder pro Weiterbildungsart (zum Beispiel im kaufmännischen Bereich: Sprachkurs, Computerkurs, Kommunikationskurs, etc.) und Jahr erfasst werden.

S3-07 Mitarbeiter halten

Ein Indikator für die erfolgreiche Bindung der Mitarbeiter an das Unternehmen ist die Mitarbeiterfluktuation. Diese sollte möglichst gering sein. Bei der Erhebung ist es wichtig, nicht nur die Mitarbeiterzahl zum Anfang und zum Ende eines bestimmten Zeitraumes zu erfassen, sondern auch festzuhalten, wie viele Mitarbeiter das Unternehmen verlassen haben und wie viele neu hinzugekommen sind.

S3-08 Vielfalt fördern

Zur Überprüfung und Analyse der Vielfalt im Unternehmen gibt es verschiedenste Indikatoren und Kennzahlen. So können beispielsweise die im Unternehmen gesprochenen Sprachen oder die vertretenen Nationalitäten erfasst werden. Die drei zentralen Kennzahlen sind jedoch:

a. die Altersstruktur: Es bietet sich an, die Mitarbeiter anhand von Altersgruppen zu kategorisieren (zum Beispiel: <20 Jahre, 21–30 Jahre, 31–40 Jahre, 41–50 Jahre, 51–60 Jahre, >60 Jahre). Langfristig lassen sich so die Veränderungen in der Altersstruktur beobachten.
b. der Anteil an Migranten: Neben der Erfassung der vertretenen Nationalitäten kann auch der Anteil der Migranten an der Gesamtmitarbeiterzahl ein Indikator für die Vielfalt und Internationalität eines Unternehmens sein.
c. der Anteil von männlichen und weiblichen Mitarbeitern: Der Anteil von je männlichen und weiblichen Mitarbeitern an der Gesamtmitarbeiterzahl ist eine weitere Kennzahl, die erfasst werden sollte, um die Vielfalt im Unternehmen bewerten zu können. Ebenso wie die Altersstruktur kann diese Kennzahl auch erweitert werden, in dem das Geschlecht der Mitarbeiter je Altersgruppe oder auch je Einsatzbereich (zum Beispiel kaufmännische Mitarbeiter, gewerbliche Mitarbeiter, Führungskräfte) erfasst wird.

Tab. 16.9 Kennzahlenübersicht Handlungsfeld Presse- und Öffentlichkeitsarbeit

Nr.	Maßnahme	Kennzahl/Indikator	EFFAS	GRI G3/3.1	GRI G4
S4-01	Internetpräsenz	Aktualität der Webseite	–	–	–
S4-02	Nutzung von Social Media	Aktivität in sozialen Netzwerken	–	–	–
S4-03	Dialog mit den Anspruchsgruppen	Newsletter und Aktionstage	–	SO1	G4-SO1
S4-04	Unterstützung der Verbände	Mitgliedschaften in Branchenverbänden	–	SO5	G4-16

16.4 Kennzahlen: Schlüsselthema 4

Die ausführlichen Ausführungen zu ‚Schlüsselthema 4 – Das Ansehen der Logistik in der Öffentlichkeit' sind in Kap. 8 zu finden. In diesem Bereich werden mögliche Kennzahlen und Indikatoren vorgestellt, die helfen können, den Entwicklungsstand des Schlüsselthemas im Unternehmen zu analysieren.

16.4.1 Handlungsfeld: Presse- und Öffentlichkeitsarbeit

Die Tab. 16.9 bietet eine Übersicht über alle vorgestellten Maßnahmen zum Handlungsfeld ‚Presse- und Öffentlichkeitsarbeit' und den dazugehörigen Kennzahlen beziehungsweise Indikatoren.

S4-01 Internetpräsenz
Eine Unternehmenswebseite zu haben, ist mittlerweile Standard. Um diese sinnvoll zur Presse- und Öffentlichkeitsarbeit nutzen zu können, müssen die Inhalte aktuell sein. Daher dient hier unter anderem die Aktualität der Webseite als Indikator. Damit die Webseite ‚lebt', müssen die Inhalte regelmäßig aktualisiert werden und beispielsweise Neuigkeiten ergänzt werden.

S4-02 Nutzung von Social Media
Ähnliches gilt für die Nutzung von Social Media. Auch hier müssen die Inhalte aktuell sein und kontinuierlich gepflegt werden, damit der Leser interessiert bleibt. Hier sollten die Aktivitäten des Unternehmens in den sozialen Netzwerken zentral organisiert und gepflegt werden.

S4-03 Dialog mit den Anspruchsgruppen

Als Indikatoren für den Dialog mit den Anspruchsgruppen des Unternehmens können veröffentlichte Newsletter und durchgeführte Aktionstage herangezogen werden. Die Newsletter sollten chronologisch archiviert und zentral gelagert werden, um jederzeit bei Bedarf den Zugriff darauf und einen Rückblick zu ermöglichen. Auch die Aktionstage sollten schriftlich festgehalten werden, um eine Rückschau zu ermöglichen.

S4-04 Unterstützung der Verbände

Die Unterstützung von Interessens- und Branchenverbänden kann für ein Unternehmen wichtig sein. Hier bietet es sich an, eine aktuell gehaltene Liste mit den jeweiligen Mitgliedschaften sowie deren Konditionen (zum Beispiel Höhe der jährlichen Mitgliedsbeiträge) zu führen.

16.4.2 Handlungsfeld: Gesellschaftliches Engagement

Die Tab. 16.10 bietet eine Übersicht über alle vorgestellten Maßnahmen zum Handlungsfeld ‚Gesellschaftliches Engagement' und den dazugehörigen Kennzahlen beziehungsweise Indikatoren.

S4-05 Humanitäre Logistik

Als Indikator für humanitäre Logistik kann die Anzahl der geleisteten Hilfseinsätze herangezogen werden. Für die Erwähnung in einem Nachhaltigkeitsbericht ist es jedoch sinnvoll, nicht nur eine Zahl zu nennen, sondern konkret von diesen Einsätzen zu berichten.

Tab. 16.10 Kennzahlenübersicht Handlungsfeld Gesellschaftliches Engagement

Nr.	Maßnahme	Kennzahl/Indikator	EFFAS	GRI G3/3.1	GRI G4
S4-05	Humanitäre Logistik	Anzahl Hilfseinsätze	–	SO1 LT15	G4-SO1 LT15
S4-06a	Sponsoring/ Spenden	Höhe der finanziellen Aufwendungen	–	SO1	G4-SO1
S4-06b	Sponsoring/ Spenden	Höhe der Sachleistungen	–	SO1	G4-SO1
S4-07a	Corporate Volunteering	für ehrenamtliche Tätigkeiten freigestellte Mitarbeiter	–	–	–
S4-07b	Corporate Volunteering	Aktionstage und -wochen	–	–	–

S4-06 Sponsoring/Spenden

Der Bereich Sponsoring/Spenden lässt sich in Geld- und Sachspenden aufteilen. Kennzahlen hierfür sind also a) die Höhe der finanziellen Aufwendungen und b) die Höhe der gespendeten Sachleistungen. Während die genauen Beträge für interne Zwecke festgehalten werden sollten, ist für die Kommunikation nach außen angebrachter, den Spendenzweck oder Anlass zu beschreiben und, sofern gewünscht, den Anteil der Spenden am Umsatz anstelle absoluter Zahlen zu kommunizieren.

S4-07 Corporate Volunteering

Auch beim Corporate Volunteering bieten sich Ereignisberichte für die Kommunikation nach außen an. Als Indikatoren können aber auch a) die Anzahl der für ehrenamtliche Tätigkeiten freigestellte Mitarbeiter und b) die Anzahl von Aktionstagen und -wochen herangezogen werden, um die Entwicklung in diesem Bereich auch quantifizieren und in regelmäßigen Abständen vergleichen zu können.

16.5 Kennzahlen: Schlüsselthema 5

Die ausführlichen Ausführungen zu ‚Schlüsselthema 5 – Zunehmende Sicherheitsanforderungen' sind in Kap. 9 zu finden. In diesem Bereich werden mögliche Kennzahlen und Indikatoren vorgestellt, die helfen können, den Entwicklungsstand des Schlüsselthemas im Unternehmen zu analysieren.

16.5.1 Handlungsfeld: Sicherheit der Lieferkette

Die Tab. 16.11 bietet eine Übersicht über alle vorgestellten Maßnahmen zum Handlungsfeld ‚Sicherheit der Lieferkette' und den dazugehörigen Kennzahlen beziehungsweise Indikatoren.

S5-01 Ergreifen von Präventivmaßnahmen und Risikomanagement

Um die Sicherheit der Lieferkette sicherstellen zu können, ist es wichtig, dass präventive Maßnahmen ergriffen werden und ein Risikomanagement betrieben wird. Zur Überprüfung des Erfolgs dieser Maßnahmen kann a) die Anzahl und Häufigkeit der Störfälle sowie b) die Anzahl der Diebstähle und Höhe der daraus entstandenen Verluste herangezogen werden. Außerdem kann c) die Erfüllung der Anforderungen und Zertifizierung nach s.a.f.e. dabei helfen, präventives Risikomanagement organisiert zu betreiben.

Tab. 16.11 Kennzahlenübersicht Handlungsfeld Sicherheit der Lieferkette

Nr.	Maßnahme	Kennzahl/Indikator	EFFAS	GRI G3/3.1	GRI G4
S5-01a	Ergreifen von Präventivmaßnahmen und Risikomanagement	Anzahl und Häufigkeit der Störfälle	–	–	–
S5-01b	Ergreifen von Präventivmaßnahmen und Risikomanagement	Anzahl der Diebstähle und Höhe der daraus entstandenen Verluste	–	–	–
S5-01c	Ergreifen von Präventionsmaßnahmen und Risikomanagement	s.a.f.e.-Zertifikat	–	–	–

Tab. 16.12 Kennzahlenübersicht Handlungsfeld Ladungs- und Fahrsicherheit

Nr.	Maßnahme	Kennzahl/Indikator	EFFAS	GRI G3/3.1	GRI G4
S5-02a	Schulungen und Trainings	Anzahl der Schulungsstunden	–	LA10	G4-LA9
S5-02b	Schulungen und Trainings	Anzahl der Unfälle und Höhe der Schäden	S04-03 S04-04	*LA7* LT12	G4-LA6 LT12

16.5.2 Handlungsfeld: Ladungs- und Fahrsicherheit

Die Tab. 16.12 bietet eine Übersicht über alle vorgestellten Maßnahmen zum Handlungsfeld ‚Ladungs- und Fahrsicherheit' und den dazugehörigen Kennzahlen beziehungsweise Indikatoren.

S5-02 Schulungen und Trainings
Durch angemessene und qualifizierte Ladungs- und Fahrsicherheitstrainings lassen sich in diesem Bereich viele Fehler und Kosten vermeiden. Als Anhaltspunkte zur Überprüfung dienen hier a) die Anzahl der Schulungsstunden (zum Beispiel pro Mitarbeiter im relevanten Bereich und Jahr) und b) die Anzahl der Unfälle und die Höhe der daraus entstandenen Schäden in einem bestimmten Zeitraum.

Tab. 16.13 Kennzahlenübersicht Handlungsfeld Datensicherheit

Nr.	Maßnahme	Kennzahl/Indikator	EFFAS	GRI G3/3.1	GRI G4
S5-03a	Sicherstellen des Datenschutzes	Durchführung regelmäßiger Updates	–	–	–
S5-03b	Sicherstellen des Datenschutzes	Einsatz eines Datenschutzbeauftragten	–	–	–
S5-03c	Sicherstellen des Datenschutzes	Zertifizierung nach ISO/IEC 27001	–	–	–

16.5.3 Handlungsfeld: Datensicherheit

Die Tab. 16.13 bietet eine Übersicht über alle vorgestellten Maßnahmen zum Handlungsfeld ‚Datensicherheit' und den dazugehörigen Kennzahlen beziehungsweise Indikatoren.

S5-03 Sicherstellen des Datenschutzes
Um den Datenschutz im Unternehmen sicherstellen zu können, sind zwei Indikatoren ausschlaggebend. Einerseits müssen a) regelmäßige Updates durchgeführt werden. Es bietet sich an, eine Liste zu führen, in welcher festgehalten wird, wann das letzte Update ausgeführt wurde. Andererseits ist je nach Unternehmensgröße b) der Einsatz eines Datenschutzbeauftragten sinnvoll, der alle Maßnahmen rund um den Datenschutz koordiniert, durchführt und als zentraler Ansprechpartner dient. Je nach Bedarf und Unternehmensgröße bietet es sich auch an, ein Informationssicherheits-Managementsystem nach ISO/IEC 27001 im Unternehmen zu etablieren und zertifizieren zu lassen.

Literatur

Toll Collect (2015): Maut-Tarife; URL: https://www.toll-collect.de/de/toll_collect/rund_um_die_maut/maut_tarife/maut_tarife_neu.html, Abrufdatum: 16.02.2015.

Fazit und Ausblick 17

Das Nachhaltigkeitsmanagement und die Nachhaltigkeitsberichterstattung stehen in der Logistikbranche noch am Anfang ihrer Entwicklung. Erst wenige logistische Dienstleister betreiben ein systematisches Nachhaltigkeitsmanagement und berichten darüber an die interessierte Öffentlichkeit.

Allerdings konnte auch dargestellt werden, dass verschiedene Entwicklungen wohl dazu führen werden, dass die Bedeutung dieser Themen weiter steigen wird. Zu diesen Entwicklungen gehören vor allem die von der Branche ausgehenden Umweltbelastungen, damit in Verbindung stehende zunehmende Exponiertheit der Unternehmen und auch die zunehmenden Anforderungen seitens der Auftraggeber. Insofern ist davon auszugehen, dass die Verbreitung und der „Reifegrad" des Nachhaltigkeitsmanagement in der Branche noch zunehmen werden.

Beschäftigen sich logistische Dienstleister mit der Nachhaltigkeit, so sind branchenspezifische Schlüsselthemen dabei zu berücksichtigen. Dazu gehören beispielsweise der Klimawandel und das Transport Carbon Footprinting, die besonderen Folgenden des demographischen Wandels für die Branche und das Bild der Logistikbranche in der Öffentlichkeit.

Bei der Berichterstattung können und sollten die logistischen Dienstleister auf existierende Regelwerke zurückgreifen. *Können*, weil damit ein Rahmen zur Orientierung vorgegeben wird, welcher die umfassende Darstellung des Themas deutlich erleichtert. *Sollten*, weil dann nach anerkannten Standards berichtet wird und der Eindruck einer willkürlichen und beliebigen Behandlung des Themas vermieden werden kann. Der verbreitetste Standard ist dabei derjenige der GRI. Für den GRI-Standard wurden die wesentlichen Anforderungen dargestellt und jeweils mit Beispielen aus Logistikunternehmen veranschaulicht.

Insgesamt sollte allerdings auch deutlich geworden sein, dass nicht nur die zunehmenden Impulse von außen zu einer steigenden Bedeutung des Themas führen, sondern dass auch ein interner betrieblicher Nutzen aus einem Nachhaltigkeitsmanagement resultieren kann. Wenn Nachhaltigkeit „richtig" verstanden wird und keine Überbetonung einer der drei Dimensionen erfolgt, dann kann durch ein an der unternehmerischen Praxis orientiertes Nachhaltigkeitsmanagement Akzeptanz nach außen gesteigert und zudem Kostensenkungspotenziale nach innen realisiert werden.

Anhang

Checkliste

Diese Checkliste gibt einen kurzen Überblick darüber, welche Anforderungen ein Nachhaltigkeitsbericht, auf Basis der gängigen Standards, mindestens erfüllen sollte. Ein Bericht soll **regelmäßig** verfasst werden. Die Inhalte des Berichts müssen

- wahr sein und den Tatsachen entsprechen.
- alle wesentlichen, also für das Unternehmen wichtige, Nachhaltigkeitsaspekte abdecken.
- klar verständlich sein.
- mit den Zahlen und Inhalten aus vorherigen Berichten vergleichbar sein.
- öffentlich zugänglich sein.

Folgende Punkte sollten abgedeckt werden:

- **Erklärung**, auf welcher Grundlage der Bericht erstellt wird (GRI, EFFAS, etc.)
- Unternehmens**profil**
- Einstellung zur Nachhaltigkeit und **Nachhaltigkeitsstrategie** des Unternehmens
- **Wirtschaftliche** Nachhaltigkeit im Unternehmen
- aktuelle wirtschaftliche Lage
- Einbeziehung von Kunden und Lieferanten
- **Ökologische** Nachhaltigkeit im Unternehmen
- Umweltschutz (Umgang mit Ressourcen, Energie, Wasser, Abfall)
- Verursachte Emissionen und Maßnahmen zu deren Reduzierung
- **Soziale** Nachhaltigkeit im Unternehmen
- Intern: Förderung, Motivation und Weiterbildung der Mitarbeiter

- Extern: Verantwortliches Handeln gegenüber der Gesellschaft
- **Kennzahlen** zu Wirtschaft, Umwelt und Soziales
- **Ziele und Maßnahmen** zur Zielerreichung, mindestens über den Zeitraum bis zum nächsten Bericht, idealerweise auch langfristigere Ziele (und in weiteren Berichten der Stand der Zielerreichung)
- **Ansprechpartner** für Rückfragen

Die Tiefe und der Umfang eines Berichts sind individuell vom berichtenden Unternehmen abhängig. Allerdings sollte in jedem Fall versucht werden, den Erwartungen der Zielgruppen des Berichts zu entsprechen und die Kerninhalte abzudecken. Darüber hinaus sollten zu den einzelnen Punkten sowohl Chancen als auch Risiken berücksichtigt werden.

Weiterführende Literatur

BaSt (2014): Feldversuch mit Lang-Lkw. Zwischenbericht, Bergisch-Gladbach.
Bomhard, R. et al. (2013): Nachhaltiges Bauen, Green Building, Energie- und Umweltrecht, Ausgabe 13, Hogan Lovells Publikationen, o.O.
Bretzke, W.R./Barkawi, K. (2010): Nachhaltige Logistik – Antworten auf eine globale Herausforderung, Berlin.
Helmke, B. (2011): Das plant die Politik in Sachen Sicherheit, in: LOG. Kompass, 1–2/2011, S. 10.
ILO (2011): Gleichheit bei der Arbeit: Die andauernde Herausforderung. Gesamtbericht im Rahmen der Folgemaßnahmen zur Erklärung der IAO über grundlegende Prinzipien und Rechte bei der Arbeit, Internationale Arbeitskonferenz, 100. Tagung 2011, Genf.
Kille, C./Schwemmer, M. (2012): Die Top 100 der Logistik 2012/2013. Marktgrößen, Marktsegmente und Marktführer, Hamburg.
Rathmann, M. (2012): Eine Branche wird grün, in: trans aktuell vom 04.05.2012, S. 13.
S.a.f.e. (o. J.): s.a.f.e.; URL:http://www.safe-spediteure.de/Abrufdatum: 16.02.2015.
Statistisches Bundesamt (2009): Bevölkerung Deutschlands bis 2060. 12. koordinierte Bevölkerungsvorausberechnung, Wiesbaden.
UBA (2009): Strategie für einen nachhaltigen Güterverkehr, UBA-Texte 18/2009, Dessau.
Wild, C. (2012): Junge Leute richtig abholen, in: transaktuell vom 04.05.2012 S. 15.

 springer-gabler.de

Das Gabler Wirtschaftslexikon – aktuell, kompetent, zuverlässig

Springer Fachmedien
Wiesbaden, E. Winter (Hrsg.)
Gabler Wirtschaftslexikon
18., aktualisierte Aufl. 2014. Schuber,
bestehend aus 6 Einzelbänden, ca. 3700 S.
300 Abb. In 6 Bänden, nicht einzeln
erhältlich. Br.
* € (D) 79,99 | € (A) 82,23 | sFr 100,00
ISBN 978-3-8349-3464-2

- Das Gabler Wirtschaftslexikon vermittelt Ihnen die Fülle verlässlichen Wirtschaftswissens
- Jetzt in der aktualisierten und erweiterten 18. Auflage

Das Gabler Wirtschaftslexikon lässt in den Themenbereichen Betriebswirtschaft, Volkswirtschaft, aber auch Wirtschaftsrecht, Recht und Steuern keine Fragen offen. Denn zum Verständnis der Wirtschaft gehört auch die Kenntnis der vom Staat gesetzten rechtlichen Strukturen und Rahmenbedingungen. Was das Gabler Wirtschaftslexikon seit jeher bietet, ist eine einzigartige Kombination von Begriffen der Wirtschaft und des Rechts. Kürze und Prägnanz gepaart mit der Konzentration auf das Wesentliche zeichnen die Stichworterklärungen dieses Lexikons aus.

Als immer griffbereite „Datenbank" wirtschaftlichen Wissens ist das Gabler Wirtschaftslexikon ein praktisches Nachschlagewerk für Beruf und Studium - jetzt in der 18., aktualisierten und erweiterten Auflage. Aktuell, kompetent und zuverlässig informieren über 180 Fachautoren auf 200 Sachgebieten in über 25.000 Stichwörtern. Darüber hinaus vertiefen mehr als 120 Schwerpunktbeiträge grundlegende Themen.

€ (D) sind gebundene Ladenpreise in Deutschland und enthalten 7% MwSt; € (A) sind gebundene Ladenpreise in Österreich und enthalten 10% MwSt. sFr sind unverbindliche Preisempfehlungen. Preisänderungen und Irrtümer vorbehalten.

Jetzt bestellen: springer-gabler.de

The manufacturer's authorised representative in the EU is Springer Nature Customer Service Centre GmbH, Europaplatz 3, 69115 Heidelberg, Germany. If you have any concerns regarding our products, please contact ProductSafety@springernature.com

Printed and bound by CPI Group (UK) Ltd, Croydon, CR0 4YY
25/03/2026
02078181-0012